JN153354

農協改革・ポストTPP・地域

田代 洋一

筑波書房

はじめに

農政が安倍政権下の焦点になっている。農協「改革」、TPP、地方創生のいずれもアベノミクス成長戦略の鍵を握るからだ。

なかでも農協「改革」の嵐が吹き荒れている。改革をカッコに入れたのは押し付けの「改革」だからだ。農協はいま、「農業所得の増大」「生産資材価格の引下げ」といった押し付けられた改革テーマに必死に取り組んでいるが、「改革の鍵は信用事業を手離すことだ」と言われて戸惑っている。いったい農協「改革」の真の狙いは何なのか。農協はどんな道を進むべきなのか。組合員や地域社会とともに考える必要がある（第1、2章）。

TPPはアベノミクスの柱だが、トランプ新大統領はそのTPPからの永久離脱を宣言した。今後は二国間交渉で日本を攻めまくる構えだ。日米同盟も見直すという。TPPの次には何が来るのか。トランプ登場は通商交渉のみならず世界史の流れを変えるだろう。そのなかで、これまでアメリカ一辺倒だった日本の国としての進路が問われている（第3章）。

アベノミクスのもう一つの肝は「地方創生」である。安倍政権は、首都圏を成長のエンジンと位置付けつつ、それと地方創生（ローカルアベノミクス）を両立させるというが、果たしてそれは真の地域再生になるだろうか（第4章）。

安倍政権は今のところ盤石のようだが、果たしてそうか。最近の政治状況のなかに変化の新しい芽を探りたい（第5章）。

本書は2015、16年の農政を論じる時論書だが、問題の歴史的な経過をたどることに努めた。本書が、農協問題をはじめ今日の農政を考えるうえで少しでもお役にたてることを願いたい。

2017年1月

田代　洋一

目次

第1章　農協「改革」の構図

はじめに――農協「改革」vs.自己改革

農協「改革」が「戦後レジームからの脱却」をめざす安倍政権の目玉政策になっている。TPPを軸とするアベノミクス成長戦略は、農業の成長産業化・輸出産業化・企業化を狙い、農協をその障害物にでっちあげた。安倍政権の「虎の威」を借りていろんな方面から「改革」の矢が飛んできて農協や農業者を戸惑わせる。いったい何が農協「改革」なるものの本命なのか、対抗軸は何なのか、分かりづらい。本章は、このような事態のなかで、2014年までの動きを踏まえつつ(1)、主として2015年以降の新たな事態の構図を描き出し、対抗軸を考えたい。

農協「改革」は周到に組み立てられた構図をもっている。それを見たのが図1―1である。全体を仕切るのは、アメリカの意向を背景にした安倍官邸である。官邸は官僚、自民党、諮問機関等に対する絶大な人事権を行使して、農協「改革」のみならず、全ての政策を強行している。農協「改革」では、図の上の方に伸びた線で農水省人事なかんずく事務次官人事を決め、下の方に伸びた線で規制改革（推進）会議メンバーと自民党農林部会長人事を決める。

安倍政権は「人事独裁政権」といってもよい。それを可能にしたのは、小選挙区制を通じる権力の官邸集中、政権交代期の民主党政権の失政等の反動としての一強多弱体制、そして安倍政権の人事の仕組みである。

「改革」は、改正農協法に盛り込まれた「農業所得の増大」を錦の御旗として、次の二条のラインで遂行される。第一のラインは、図の上半分で、主として農水省が法を盾にして行う「改革」である。第二のラインは、図の下半分で、規制改革推進会議や小泉農林部会長が前面に出る全農潰し等の「改革」である。これには指定生乳生産者団体潰しやクミカン（後述）廃止も含まれる。

「改革」の核心は何か。それは第一、第二のライ

図1-1　農協「改革」の構図

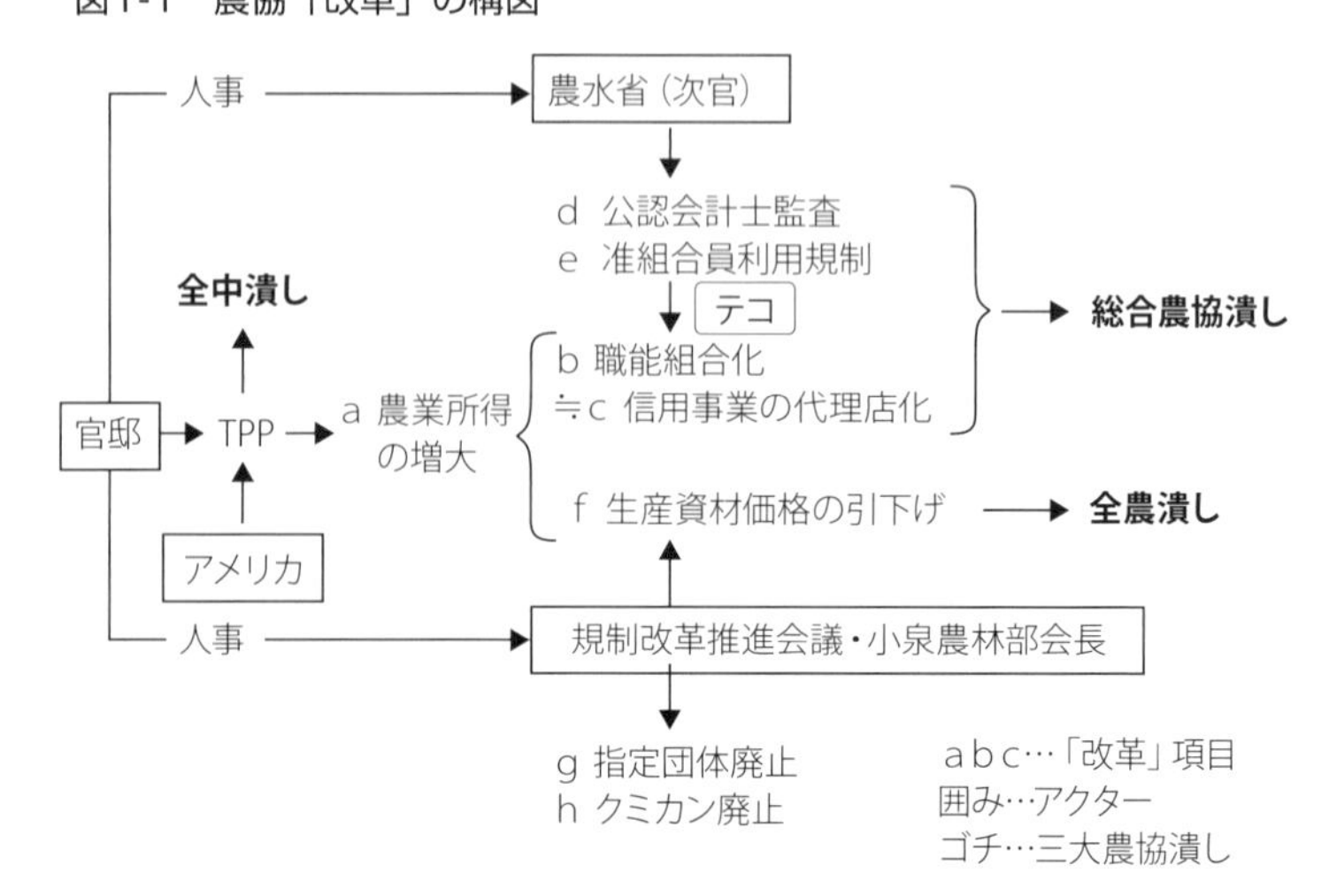

ンがともに求める単協の信用事業の代理店化である。信用事業を譲渡し信連や農林中金の代理店になることは、総合農協の職能組合（農業者だけが加入し農業だけの事業を行う組合）化と同義であり、職能組合化は農協潰しに通じる。

いま農協は、求められる農協「改革」やＪＡ全国大会で決定した「創造的自己改革」に向けてそれぞれの中期計画（２０１６〜18年度）を策定、手直し、実践している最中である。そこでは有利販売、直接販売等による販売額の増大、生産資材価格の引下げ、農業所得の増大、担い手の育成、組織・活動の活性化など、様々な課題に取り組んでいる。

そのような自己改革はそれ自体として徹底追及すべき課題であり、遅れや足並みの乱れは何としても避けたい。しかし、図１−１に示したように、農協「改革」は信用事業の代理店化を「改革」の柱にすえている。つまり「信用事業の代理店化を通じる農業所得の増大」こそが農協「改革」というわけだ。

こうして農協の「自己改革」の思いと、安倍官邸を先頭とする農協「改革」の狙いはすれ違う。そうなると農協としては「農業所得の増大」等のプランを策定しその実現に邁進するとともに、「信用事業の代理店化」という攻勢にどう対峙すべきかという二重課題に直面することになる。対「農業所得の増大」を「表」の自己改革とすれば、「信用事業の代理店化」に如何に対峙するかは農協の「内なる自己改革」「真の自己改革」と言える。

そもそも農協は事業体であるとともに運動体である。農協「改革」は事業体の面のみを取り上げ、その「改革」を優先するが、事業体を支える運動体の強化なくして自己改革はない。

本章では、農協「改革」の構図、さらには農協「改革」vs.自己改革の構図をこのように捉え、まず

「改革」の土台（テコ）となる農協法改正とそれを具現する新農協監督指針を概観する。そのうえで二条の「改革」のうち図の下半分の規制改革推進会議の担当領域における「改革」を検討する。次に、図の上半分の信用事業の代理店化の諸問題をみていく。そして以上の「改革」を通じて農協に突き付けられた選択肢を、農協が誤りなく選択することができるための真の自己改革の課題を農協の組織刷新に求める。

Ⅰ　農協法改正と新監督指針

1　農協法改正の論理

農協法改正は規制改革会議の第二次答申（２０１４年６月）で方向づけられ、自民党での検討を経て２０１５年９月に成立し、２０１６年４月に施行された。その論理を農協の目的と組織の変更に分けてみていく。

事業目的の変更――奉仕から収益追求へ

農業所得の増大　農協は「その行う事業によってその組合員及び会員のために最大の奉仕をすることを目的」としている。法改正は、この目的規定を残しつつも、農協は「農業所得の増大に最大限の配慮をしなければならない」という新たな目的をたてた。

その問題性は、第一に、目的の二重化、あるいは「組合員への奉仕」の「組合員」を、准組合員を除いた正組合員（農業者）だけに限定する。第二に、「農業所得の増大」というそれ自体は切実な要求を逆手にとって、農協「改革」の「錦の御旗」として悪用する。第三に、農業者が真に欲するのは所得増大もさることながら、「暮らしの豊かさ」が基本だが、それから外れる。

収益性追求　法改正は、「営利を目的としてその事業を行ってはならない」とする非営利規定を削除し、農協はその事業展開を通じて「高い収益性を実現」し、その収益を投資又は事業利用分量配当に充てるべきとした。それこそが「農業所得の増大」につながるとする論理である（次章）。それは最大限に利潤を追求し、その利潤を株式配当に充てることを最善とする株式会社の論理に接近する（出資配当と事業利用分量配当の違いはあるが）。

農協組織の変更

総合農協の否定　日本の農協は、その歴史的社会的背景を踏まえて農業のみの専門農協（職能組合）ではなく、信用・共済・生活・営農指導事業にまたがる総合農協として展開し、農家以外の地域住民（非農家）も准組合員として迎え入れてきた。しかるに法改正は「農業所得の増大」を旗印に、准組合員利用を否定的に捉え、総合農協を否定して職能組合への純化をめざす。

准組合員利用規制　准組合員の農協利用は地域住民の生活ニーズに基づくものであり、それが農協の事業基盤の一つにもなっている。それに対して規制改革会議は、農協が准組合員サービスに力を入れるために「農業所得の増大」の追求が疎かになるとして、准組合員の利用量を正組合員の半分以下にする規制を打ち出し、農村住民のニーズに背くのみならず農協経営を危うくする。

准組利用規制については、後述するように全中を農協系統から切り離すことと引き換えに、法改正の附則で、正組・准組の事業利用状況、農協改革の実施状況を5年間にわたり調査し、結論をえることと先送りされた。組合員の事業利用状況を「農協改革の実施状況」ともども調査するということは、准組合員利用規制を農協「改革」の人質にとったに等しい。その時から准組合利用規制は農協の自己改革に重くのしかかることになった。

理事　「農業所得の増大」を図るため、理事の過半を認定農業者または経営・販売のプロにすることとされた。これは農協が地域代表としての理事を選出することにより、地域密着組織として地域密着業態を展開することを否定する。そもそも法がここまで役員構成に関与することは、協同組合を組合員が民主的に運営する自治・自立の組織とするＩＣＡ（国際協同組合同盟）の協同組合原則に反する。

公認会計士監査　農業者だけでなく一般人である准組合員が利用するのは、農協が純職能団体というよりは一般企業に近い存在に当たるとして、その会計監査も農協自らによる監査ではなく、一般企業並みの公認会計士監査に移行することとされた（貯金額２００億円以上の農協）。

全中の一般社団法人化　農協の会計監査は、業務監査とともに、従来、全中・県中央会が担ってきた。中央会は１９５４年の農協法改正により単協を指導するために設立されたが、そのような指導は今日では単協（単位協同組合、ＪＡ）の自由な経営を阻害するものだとして、中央会から指導権限や会計監査機能を奪い、全中は一般社団法人化されて農協系統から外され、県中は連合会へ移行させられる。

株式会社化　総合農協を事業ごとに分割・再編可能とし、株式会社、生協、社会医療法人、社団法人等に転換できることとされた。会議はさらに、全農・農林中金・県信連・全共連（共済事業の全国組織）の「農協出資の株式会社化（株式は譲渡制限をかけるなどの工夫が必要）」を提言した。法改正は、このうち全農（全国農業協同組合連合会、農協系統の共同購入・販売の全国組織）については株式会社化「できる」こととしたが、その他については自民党の検討において「金融庁と中長期的に検討する」ことになった。

以上の法改正にあたっては、中央会をとるか准組利用規制を受け入れるか、公認会計士監査を受け入れるか准組利用規制を受け入れるか、の二者択一を農協陣営に迫り、いずれも農協経営に欠かせない准組合員利用の規制を先延ばしする代わりに、全中の一般社団法人化と単協の公認会計士監査への移行がなされた。

2　農協監督指針の改訂

2016年4月の改正農協法の施行とともに農水省の「総合的な監督指針」の改訂版がだされた。それは信用・共済事業以外のものと系統金融機関向けの二つに分かれている。後者については本項の最後に見る。以下、改訂前の「旧版」に対して改訂後を「新版」と呼ぶことにする。

一般的な監督指針

策定趣旨　旧版では「食料・農業・農村基本法に規定されている基本理念の実現に取り組むことがもとめられる」としているが、新版では新基本法云々の文言は消え、「農業所得の増大に最大限の配慮をすること」、高い収益性をあげ、収益を投資又は事業利用分量配当に充てるという法7条を忠実に復唱し、以下、「農業所得の増大」が監督指針の全面にちりばめられる。

経営目的の妥当性　この点についてはわざわざ「注」が付され、法は「営利を目的として事業を行ってはならない」とする非営利規定を削除したが、出資配当の上限規定は維持されており、「株式会社のように出資配当を目的として事業を行ってはならないという組合の性格については、平成27年度改正の前後で何ら変更はない」としている。しかしそれに代わる「高い収益性→投資・配当」という株式会社準拠の論理はそもそも協同組合になじまない（次章）。

准組合員制度の運用　旧版では「生活支援機関としての役割」を果たすことが「農村の活性化」、農協の「事業分量の増大」になること、農協は生活物資の販売、医療、介護等の「重要な役割」を担っていることを確認したうえで、「正組合員の利用メリットの最大化」に支障を来さないよう「准組合員の加入に際しては、農協制度の目的・趣旨の理解の促進に努める」、「正組合員と准組合員との交流の促進」、「准組合員の意見をどのように事業に反映させていくのかについて工夫」すべきとされていたが、新版ではこの項全体を削除し、准組合員に対するポジティブな「監督指針」は捨てられた。

役員体制　これまた「農業所得の増大に向けた経済活動を積極的に行っていく観点」から認定農業者等を過半とすべきことが詳細に語られている。それは前述のように、地域代表理事の選出を通じて地域密着組織・業態として展開してきた農協の現実を無視するものであり、法や行政が役員構成に強く干渉することは自治・自立の組織にはなじまない。

販売・購買事業　新版では「農産物の有利販売に向けた取組強化」を新設。コスト縮減について「複数の調達先を比較して（価格及び品質など）、最も有利なところから調達」することを追加。この新設・追加は、法改正ではなく規制改革会議の第二次答申によるものである。

地域貢献　新版は、「地域貢献」は農業所得の増大に最大限の配慮をするという「範囲内で行われる必要がある」とし、さらに続けて「あくまでもこのことを常に意識する必要がある」とダメ押しする。要するに「地域貢献」は二の次、「地域社会への配慮」というＩＣＡの協同組合の第七原則はどこ吹く風である。

自己改革　もちろん新版の新設であり、「農業所得の増大」、とくに担い手のそれをくどくどと強調し、担い手が農協の「自己改革」をどう評価しているかのチェックを求めている。要するに農協「改革」は、全農業者・農村住民の農協から認定農業者・担い手のための組織への転換強要だといえる。

事業利用状況調査　これまたもちろん新設である。「組合は、その事業を通じて、准組合員を含め、組合員に最大の奉仕をすることが求められている」こと、農協が地域インフラとしての役割を持っていること、准組合員利用が「事業運営の安定化を通じて正組合員へのサービス確保につながる側面をもっていることは事実である。／**しかしながら**、農協はあくまでも農業者の協同組織であり、准組合員へのサービスに主眼を置いて、正組合員である農業者へのサービスが疎かになってはならない」（ゴチは引用者）とこれまでの趣旨をダメ押ししている。

株式会社への組織変更　法改正で出資組合（全農等）は株式会社になれることとなったが、施行規則より踏み込んで、組織変更計画には「発行株式の全てを譲渡制限株式……とする等、株式の譲渡の制限に関する方法を定める必要があること」とした。これは法ではなく２０１４年６月の規制改革会議第二次答申の原案に基づくものである。

系統金融機関向け監督指針

旧版に対する新設項目のみ見ていく。まず「意義」として「活力創造プラン等において、農協が農産物の有利販売や生産資材の有利調達に最重点を置いて事業運営を行えるようにするためは、地域における金融サービスを維持しつつ、単位農協の経営における金融事業の負担やリスクを極力軽くし、人材資源等を経済事業にシフトできるようにすることが必要であり、このため系統金融機関は、代理店方式の活用を積極的に進めることとされたところである」とし、次に「着眼点」においても同様の趣旨を繰り返している。

代理店化は後述するようにJAバンク法の領域である。そこで監督指針は、改正農協法の「農業所得の増大」の趣旨を、政府決定である「活力創造プラン」等をお墨付きとして、代理店化につなげることに力点をおいている。

代理店化については項を改めて検討する（→Ⅲ）。

以上、「監督指針」は、項目を細かく分け、微に入り細に入り「監督」しているが、要するに言いたいことは「農業所得の増大」の一点に尽き、そのためには、これまでそれなりに大切にしてきた准組合員や地域社会への配慮も一切かなぐり捨てろと言うに等しい。これは農協政策の根本的な転換を意味する。農協法制定以来一貫してとられてきた政策を根本的に覆すことは、法制度や行政の継承性・安定性という点で致命的であり、農政への信頼性を失わせるものである。後述するように、それは農政主体としての農水省そのものの存否に係わる。

Ⅱ　規制改革推進会議の農協攻撃

Ⅰを主導した規制改革会議は２０１６年５月に「終わりなき挑戦」を副題とする第四次答申を出して一応その幕を閉じた。答申は、①生産資材価格形成の仕組みの見直しと流通・加工業界構造の確立、②指定生乳生産者団体制度の是非、補給金の交付対象のあり方等、の二点を後継組織に引き継いだ。後継組織として規制改革推進会議が２０１６年に9月に発足した。同会議の農業ワーキング・グループは、早くも11月11日に「農協改革に関する意見」と「牛乳・乳製品の生産・流通改革に関する意見」をとりまとめた。これらは自民党での微修正を経て、規制改革推進会議としての「意見」（11月28日）及び政府の「農林水産業・地域の活力創造プラン」改訂版となったが、以下では修正前の「意見」を農協「改革」のいわば原型として検討し、そのうえで自民党修正をみる。

1　「農協改革に関する意見」

全農事業「改革」

①全農の購買事業（資材の共同購入）の見直し……全農は「生産資材メーカー側にたって手数料を得る仕組み」になっているとして、今後は「共同購入の窓口に徹する組織に転換」する。全農は「仕入れ販売契約の当事者」にならず、「少数精鋭の情報・ノウハウ提供型事業」に生まれ変わるべき。

②全農の販売事業（農産物の共同販売）の見直し……「委託販売を廃止し、全量を買取販売に転換すべき」。

以上の事業見直しについては1年以内に実施し、着実な進展が見られない場合は、国は「第二全農」の設立を推進する、とした。

以上の「意見」をどう受け止めるか。

まず①については、協同組合の購買事業については、共同経済事業（現行の共同購入・共同販売）と、団体協約（自らは取引主体にならず、価格等の取引条件について団体交渉権をもって団体協約を締結する）がある(2)。

そのことを踏まえると「意見」には二つの解釈がありうる。第一は、WGの金丸座長は「資材メーカーと交渉し、価格の妥結まですればいい」と発言している（日本農業新聞２０１６年11月８日）ので、「意見」は共同経済事業は否定したが、団体協約は認めたという解釈である。その限りでは問題は、共同経済事業方式と団体協約方式のどちらが価格交渉力が強く、かつ効率的かである。効率的（低コスト）という点では後者だろう(3)。しかし価格交渉力となると、流通構造がどうなっているか、団体シェアがどれくらいかによる(4)。製造業との直取引でなく問屋が介在したり、団体シェアが圧倒的でなければ団体協約方式は有効とは言えない。

そこで第二の解釈は、団体協約も行わず、たんなる情報提供の非事業組織になれということである。全体のトーンは第二の解釈の印象を受ける。要するにたんなるインテリジェンス機能化である。いずれの解釈にしても資材の購買事業からの手数料収入は得られなくなる。

②の販売事業については、全農はたんなる一商社になれということであり、委託に基づく共同販売という協同組合方式を否定するものだが、傷みやすい生鮮品の買取販売特化は極めてリスキーである。

全農は、かなりの事業分野を株式会社形態の子会社化しつつ、資材の購買手数料や原料輸入で得た収益（経常利益の７割）で、米や市場出荷の園芸作の共同販売を支えているのが実態であり、購買事業の手数料収入の喪失は、販売事業をも不可能にする。こうして全農事業は崩壊する。

要するに「意見」は「全農は協同組合にとどまるなら事業をするな。事業をするなら株式会社化しろ」というメッセージとひとまずは解される。しかし株式会社化しても、情報提供サービス料に依存し腐敗しやすい生鮮品買取リスクを全面的に被る企業が経済的に成り立ちうるかは疑問で、結局は全農潰しになる。

そもそも全農は協同組合形態の民間事業体であり、必要物資の供給、生産物の販売は農協法において法認されている事業であり、加えて事業遂行の方法を国が特定することは憲法上、職業選択の自由の延長上での営業の自由に対する侵害と言える(5)。

いわんや1年という時限を切って、従わないならば国が「第二全農」を設立するというのは、「官製全農」の設立であり、規制改革の趣旨にさえ添わない。また第二組合の設立による労働争議潰しにも等しい行為であり、議事録によれば内閣府大臣政務官さえ「やらなければ別の組織を作るぞとすごく威圧するような感じ」と疑問を呈している。

信用事業の代理店化

「信用事業を営む地域農協を、３年後を目途に半減させるべき」。その際に「代理店の手数料水準を地域農協からみて十分魅力ある水準に設定すべき」としている。後者は純粋に経営採算にかかる事項であり、事業譲渡を受ける側としても無い袖は振れない。代理店化については、Ⅲでまとめて検討したい。

クミカン廃止

クミカン（組合員勘定）は北海道農協中央会が1961年に創設したもので、基幹作物を全量農協共販する組合員が営農計画を提出し、出来秋の農産物を担保にして農協から営農資金を一括借り受け、販売代金より相殺される仕組みである。これは専業的農業地帯としての北海道における営農資金の乏しさをカバーしつつ、営農計画を通じる営農改善を可能にする仕組みとして[6]、二、三の例外を除き北海道の全農協にとりいれられ、農家の7割が利用している。

これに対して「意見」は、「農業者の農産物販売先を統制し、また毎年一定の期日で債務の完全返済を義務づけるため、農業者の経営発展の阻害要因となっており」、「直ちに廃止すべき」とした。

クミカンは、最近になり地銀がのりだし、農業生産法人等が利用しだしたABL（動産担保貸付）の農協版[7]としての先駆的な取組みであり、加えて営農計画に基づく営農指導にメリットを発揮しており、その廃止は信用事業と営農指導事業を一体的に取り組む総合農協ならではの取組みを阻害するものである。

2 「牛乳・乳製品の生産・流通改革に関する意見」

指定生乳生産者団体制度

「意見」は主として指定団体制度への攻撃である。指定団体は加工原料乳補給金制度（1966年）

に基づき、当初は47都道府県ごとに団体があったが、２００３年からは10団体（農協連合会、沖縄は１県１農協で単協）に統合されている。酪農家が指定団体に全量委託販売（１日３トン以下の特色ある牛乳の直接販売は可）した場合にのみ補給金[8]が支給される仕組みである。これは酪農家と乳業メーカーの「乳価紛争」や過剰による価格低下に対して[9]、生乳の需給調整、乳業メーカーとの価格交渉力の強化、生乳流通の合理化、運賃コストのプールによる遠隔地支援を狙ったものである[10]。

この制度により、生産費が低く都府県への輸送費がかかる北海道等は主として加工原料乳地帯となり、〈加工原料乳価＋補給金〉と〈飲用乳価－道外移出運賃〉が均衡するもとで全国の飲用乳の需給バランスがとられることになる[11]。それが可能なのは指定団体が97％という圧倒的な販売シェアを持つことで、前述の団体交渉権により乳業メーカーへの価格交渉力をもち、かつ飲用乳や加工原料乳などへの多元販売により需給調整をしているからである。

規制改革推進会議の攻撃

この制度に乗らない者はアウトサイダーと呼ばれるが、会議は、農業者は販売・委託先を自由に選択できるようにすべき、インサイダーとアウトサイダーをイコールフッティングすべきという建前の下、年間の販売計画・実績を国に報告した者には等しく補給金を支給すべき、農協に部分委託した場合も同様、と主張をした。

そうなるとアウトサイダーはもとより、指定団体に出荷する酪農家も乳価が高ければ飲用乳向けに、低くなれば加工原料乳に出荷する「いいとこ取り」が可能となり、需給調整が不可能になり（販売の計画・実績を国に報告するだけでは無理)、乳価の下落を招くことになる。会議の当初の表現は「指定団体の廃止」だったが、部分委託が可能になれば実態として指定団体の廃止に等しくなる。

指定団体の基本機能は需給調整であり、補給金には需給調整コストの補償の意味合いも含まれている。会議の「意見」はその面を無視し、補給金をたんなる不足払い金に還元し、その支給平等による形式的なイコールフッティングを追求するもので[12]、かえって、必要なコストを負担しつつなされる、ただ乗りなしの「公正な競争」を阻害する。

3　自民党による微修正

以上の会議の意見を自民党が微修正し、それが11月末に政府方針となった。主な修正点は、①全農は「共同購入の機能を十分に発揮する」ため「少数精鋭の組織に転換する」、販売事業は「直接販売することを基本とする」。全農に数値目標を含めた年次計画の策定を求め、その進捗を政府与党がチェックする[13]。②指定団体への出荷以外の牛乳にも補給金を出せるようにする。③クミカン廃止、3年で農協の半分の信用事業を代理店化するという「意見」は取り上げない。

①では全農の共同購入自体は否定されなかったが、大幅縮小を余儀なくされることになり、また買取販売が基本とされた。年次計画を策定させ、それを政府・自民党・規制改革推進会議が監視するシステムは統制経済色が強く、実質的には「意見」よりもきつい[14]。

②は需給調整について国が「基本的なスキーム」を設計し、出荷者の販売計画で「飲用向けと乳製品向けの調整の実効性を担保」とするが、その具体的な仕組みはみえず、現行制度より実効性が高いか不

明である[15]。

③はもともと今回の諮問事項外として外されたが、代理店化が農協「改革」全体の基本テーマであることに変わりはない。

政府は「規制改革推進会議が『高めのボール』を投げたことで、農業改革が一歩前進した」と前向きに受け止めているという（読売新聞２０１６年11月25日）。要するに会議と自民党はヤクザの脅し役と透かし役を演じ分けたに過ぎない。

Ⅲ　単協信用事業の代理店化

1　代理店化問題の経緯

農水省の新農協監督指針のメインテーマは、「農業所得の増大」に名を借りた単協信用事業の代理店化だった。規制改革推進会議・農業ＷＧは前述のように信用事業を営む単協を「３年後を目途に半減させる」とした。この代理店化問題は、単協からの信用・共済事業の分離問題として長らくくすぶり続けてきたものである[16]。

第1期　1990年代

１９８０年代後半のバブル経済の崩壊により金融危機が起こり、とくに不動産投資に走っていた住専（住宅専門金融会社）が破綻し、住専に大量の貸付を行っていた農協系統金融が危機に陥り、政府による救済と引き換えに1996年にいわゆるJAバンク法が制定され、規制が強められた。そして同年の農協法改正では、部門損益の総代会に対する開示義務が盛り込まれた。総合農協は各種事業を兼営することに強みがあったが、部門ごとの損益を明確にするために、本来は不可分の共通経費を敢えて部門配賦する一種の擬制計算により、部門ごとの収支の明確化が求められたわけである。これは部門間補てんの制限・禁止、各部門の独立採算化、事業分離への布石である。

第2期　2000年代

第2期は2000年代の小泉構造改革の時代である。2002年のペイオフを控えて01年にJAバンク法が改正され、その第4章「事業譲渡」において単協の信用事業を農林中金に譲り渡すことが「できる」規定が設けられた。これを受けて農林中金はJAバンク中央本部をたちあげ、JAバンクシステムの「自主ルール」として単協の信用事業の破綻が見込まれる場合は、県信連等に事業譲渡し、単協はその代理店として窓口業務を行うことが定められた(17)。この自主ルールの「破綻が見込まれる」農協の代理店化を、「全農協の破綻が見込まれる」として全ての農協に拡大しようとするのが今日の農協「改革」である。

2002年には当時の総合規制改革会議が、区分経理の徹底、信用・共済事業の分社化あるいは他業態への譲渡等を打ち出した。そして農水省の「農協のあり方研究会」は2003年に中間報告で主として経済事業・全農問題を取り上げ、「信用・共済事業の収益による補てんがなくても成り立つ経済事業」を求めた。そこで農水省の今回の農協「改革」の方向は定まったといえる。

２００５年には規制改革・民間開放推進会議が、銀行の他業禁止や農協以外との競争活発化を口実に、農協事業の部門間補てんの禁止、独立採算制、分割再編を主張した。

なお生協陣営は２００９年に、念願の単協の超県域合併を厚労省に認めさせるのと引き換えに、単協・日生協の共済事業をコープ共済連に移転した。共済事業分離の先駆けである。

第3期　2010年代

まず２０１０年（民主党政権）に行政刷新会議ＷＧが「改革の方向性」として、「主業農家を対象とした農協本来の機能を発揮させ、農業の構造改革を進展させるため、農協から信用・共済事業を分離させるべき」とし、最終的には「補てん額の段階的縮減を図る」こととした。その理由としてあげられたのが、一般の金融機関の他業禁止とのイコールフッティング、准組合員の預金者保護の点で不適切、というものである。

ここに今日の問題構図はほぼできあがっていたといえる。今回の農協「改革」の特徴は、それが安倍内閣という強力な権力のバックアップを得ている点に尽きる。そして第1期から2期のはじめにかけて農水省で農協を担当した官僚が奥原正明であり、彼はその後、経営局長として一連の農政・農協「改革」を主導し、その功を官邸に認められて事務次官に就任した。その彼の持論として、単協の信用事業譲渡が農水省の農協「改革」の最大の課題として浮上することになる。今回の代理店化論は直接には安倍官邸の権力と奥原の執念が合体したものである。

2　代理店化がもたらすもの

単協貯金の信連勘定化

これにより単協独自の信用事業や他部門運用ができなくなる。単協は自らの裁量で農業貸付等をすることができなくなって組合員ニーズに応えられなくなる。購買未収金等の貯金からの回収ができなくなり、例えば前述のクミカンも不可能になる。やろうとすれば運転資金等は信連から借りることになり、金利負担が生じる。代理店としては信連の金融商品を扱うことになり、組合員ニーズに即した独自の商品開発ができなくなる[18]。それをテコにした貯金勧誘もできなくなる。

単協はたんなる貯金獲得の下請機関になり、主体的に金融面で地域農業にリンクすることも少なくなる。これでは「農業所得の増大」を旗印とする農協「改革」の意にも反することになろう。

信用事業収益の減少

代理店になれば従来の奨励金等は得られず、信用事業の収益はあくまで代理店手数料のみとなる。前述のように「農林水産業・地域の活力創造プラン」（２０１４年改訂）では「単位農協の経営が成り立つように十分配慮する必要がある」としており、奥原次官はそれをもって「自ら信用事業を行った際と同等に収益がもらえるよう明記をした」と農協に説明しているが、経営採算上の問題であるだけに「配慮」は難しい。いわんや「同等」は無理である。政府は農林中金に早期に手数料水準を明らかにするよう求めているが、手数料水準は単協個別にしか示し得ないだろう。東京島しょ農協（貯金90億円）が代理店化した場合の手数料は０・３２０％と伝えられるので、手数料水準は貯金額等によりけりだが、現在の単協の信用事業利回りの半分以下に下がるのではないか。

それに対して農協「改革」の側は、「信用事業の要員を販売事業に回して稼げ」としているが、例えば給与５００万円の信用事業担当の職員を手数料２％の販売事業に回したとして、彼が販売手数料で自分の給与相当額を稼ぐには５００万円÷０・０２＝２・５億円の農産物売上げを要する。それだけでもあまりに非現実的だが、さらに「農業所得の増大」や、代理店化に伴う減収をカバーするのは困難である。

総合農協の破綻

以上の結果として、信用部門収益（手数料収入）で農業・生活・営農指導部門の赤字を補てんし得ないとなると、共済収益が低下傾向にあるもとでは、農協が総合農協として農業事業や生活事業を安定的に展開することが困難になる。

次章の表２―３に単協の部門別経常利益の割合を事例的に示すが、そこでは農業部門の黒字で営農指導事業の赤字をカバーできるのは、ごく一部の優秀な産地農協に限定される。『総合農協統計表』２０１４年版の全国平均では、経常利益＝１００として、信用部門１０４・９、共済部門55・３、農業部門▲９・０、生活部門▲８・０、営農指導部門▲43・２であり、仮に信用事業の経常利益が半減すれば、農業・生活・営農指導部門の赤字補てんは難しくなる。今のところ共済部門が黒字だが、その事業量が縮小傾向にあることは前述した。信用事業の代理店化の行きつく先は総合農協の破綻である。

なお、信用事業の減収は、次章に見る准組合員利用規制からも生じる。

3　代理店化のテコ

公認会計士監査

このように収益性の点から、また総合農協堅持の点から、単協として進んで代理店化する状況にはないので、代理店化に追い込む制度的なテコが必要になる。それを予め準備したのが農協法改正による公認会計士監査と准組合員利用規制である。

改正農協法で、貯金額200億円以上の農協は、全国農協監査機構による農協内での監査から外部の公認会計士監査へ移行することとなった。そこで監査証明が得られないようなら、多大な監査費用を投じて監査をパスしうる条件整備をするか、あるいはそれでも難しいとなれば、貯金額を200億円未満に減らすなり、信用事業を譲渡して公認会計士監査を免れるしかない。貯金額を減らすことは組合員の財産権の侵害にも及びかねないとしたら事業譲渡ということになろう。

貯金額が1兆円を超すような一部の都市農協は、公認会計士監査への移行に備えて、大手監査法人に事前レビュー（予備調査同様の調査、内部統制調査等）を依頼するなど準備を開始しているが、多くの農協は農水省が監査法人に依頼した監査工数（公認会計士を何人、何日投じるか）調査の結果待ち（2017年3、4月とも言われる）のようである。

農協の信用・共済事業については一般の金融業にも通じることであり、農協系統における監査体制も相当程度整っていることと思われるが、農業関連の事業については、協同組合的な事業理念や農業という産業の独自性もあり、一般企業向けの公認会計士監査になじまない面もある。公認会計士監査をクリアしうるか否かは、農業を主軸にした産地農協ほど重い課題であり、時機を逸しない取組みが必要である。なお200億円未満の農協（北海道に多い）は公認会計士監査を免れるが、そこにも、このような過小な貯金額で金融危機に耐えられるかという形での信用事業譲渡の圧力がかけられるだろう。

准組合員利用規制

規制改革会議の当初案のように准組合員の事業利用量を正組合員の半分以下にする等の利用規制がかけられると、とくに信用・共済事業の収益への依存度が高い農協経営としては大きなダメージを受け、とくに赤字の経済事業（購販売）や営農指導事業の展開が困難になる。

ある都市農協の貯金額シェアをみると、正組合員が3分の1、准組合員が5割弱、残りが員外利用（25％以下に制限）である。例えば正組合員のシェアが34％、准組合員のそれを45％として、准組の利用量が正組の2分の1までに制限された場合に貯金額はどこまで減少させられるか。員外利用は組合員利用の4分の1までなので、正組合員の貯金額をxとすれば、規制後の貯金額は（x＋0・5x）＋（x＋0・5x）×0・25＝1・875xとなる。例えばある都市農協の正組合員の貯金額が34％だとすれば100から63・75に減少する。信用事業のみならず共済事業等でも同様であり、事業量はさらに縮小する。

それに対して、信用事業を農林中金に譲渡すれば、農林中金は農協法上の組織ではないから員外利用規制を免れることができる。そこで准組合員を員外者に戻せば、青天井の信用事業の拡大が可能になるわけである（ただし単協の貯金ではなく信連・中金の勘定になる）。

准組合員利用規制をするか否かは、農協法改正では5年間の調査結果に委ねられた。当面は准組合員利用規制をするという脅しであるが、その影響は全ての農協に及ぶものの、とくに都市農協には厳しく作用すると言える。

前述のように規制改革のなかで、准組合員という一般の者から貯金を預かる以上は、その預金者保護の観点から、信用事業で他部門の補てんを行うことは不可という形で、准組合員の存在が信用・共済事業分離の理由として使われてきた。今回の「改革」はさらに、准組合員という一般世帯からの貯金を受け入れる以上は、一般の金融機関並みの会計監査が必要ということで、公認会計士監査移行の口実に使われた。そしてさらに今回は、公認会計士監査に移行しても、信用事業を代理店化しなければ准組合員利用規制を行うという脅しに使われている。准組合員利用（規制）は農協「改革」の「打ち出の小づち」の役割を果たしていると言える。

4　なぜ代理店化なのか

信用事業収益の悪化

なぜ代理店化なのか。この点が今回の農協「改革」のいちばんの謎である。もちろん改正農協法上の理由は「農業所得の増大」だが、それは建前に過ぎない。本音は何なのか。

農水省の見解を筆者なりにまとめると次のようである。ⓐ信用事業の収益は減少する傾向にあり(19)、信用・共済事業の将来性は非常に厳しく、信共依存では将来の農協経営は危機的状況になるので、信用事業は譲渡し、農業事業に専念し、そこで収益を上げる必要がある。ⓑＩＴ技術を活用したフィンテック（ファイナンス+テクノロジー）で金融サービスが拡大し、将来的に金融店舗の必要性が低下し、銀行や信金は潰れる。ⓒ「信用事業は、金融事業の国際化でもはや農水省の手に余る状態」（次官）。

これらの見解は確かに趨勢としては起こりうることであり、その限りでは官僚の先取り対応ともいえる。

内外金融資本への市場開放

しかし注（19）にも紹介したように農林中金の収益悪化をいうのであれば、その農林中金に事業譲渡しても事態は変わらないと言える。金融事業の将来性が懸念するとしても、金融自体がなくならないとすれば、そこでのシェア争いとなる。単協の貯金を中金等に事業譲渡するだけなら農協系統全体のシェアは変わらないが、単協の貯金獲得意欲が衰えれば、それだけ農村金融市場は一般金融機関の手に移っていくことになる。

そのような市場開放要求は当面は内外金融資本によるイコールフッティング圧力として強まっている。具体的には、農協法改正に至る過程で2014年6月の与党取りまとめで農林中金・信連・全共連も「農協出資の株式会社に転換することを可能にする方向で検討」とされ(20)、最終的には「金融庁と中長期的に検討」で収まった経緯がある。

そこで中金の株式会社化がいずれ俎上にのぼることになれば、「農協出資の株式会社化」ということに対して、内外の多国籍金融資本から彼らの投資機会を奪うものとしてイコールフッティング要求がだされ、門戸開放を余儀なくされる(21)。そうなれば中金に事業譲渡された単協の金融資産も同様である。

省庁再再編

２０１６年参院選に向けた自民党「総合政策集２０１６　Ｊ－ファイル」（２０１６年６月）は「省庁再再編を含めた中央省庁改革」を掲げている。呼応して農水次官は「農業が産業化し、農水省が要らなくなることが理想」（『ダイヤモンド』２０１６年６月９日号）としている。本節冒頭で述べた安倍政権の「人事独裁」の下、農水省の副大臣・政務官４名のうち３名は経産省出身の議員で固められ、食料産業局長は経産省からの出向となり、農水省からも局長が経産省に出向している。経産省への農水省統合が着々と進んでいるとみるべきである。その際に、総合農協などいう複数省庁にまたがる（省間の共管を要する）「不純物」を抱え込むことを避けるとしたら、農協の職能組合純化が必要になる。

以上、代理店化の理由をさぐってきた。第一の理由が根底にあり、それを奇禍とした第二の理由が本命で、第三の理由が付加要因となるのだろうか。第一の理由があるとしても、他方で、信用事業を代理店化したのでは現実の総合農協がもたない。とすれば農協系統としてのＪＡバンクシステムの強化が自己改革の課題になる。

Ⅳ　農協「改革」の本質と自己改革の課題

1　農協「改革」の本質

目的——農村市場の企業開放

その目的とするところは、単協の職能組合化、全農機能の封じ込めを通じて、内外の企業や金融資本に農村という市場・投資フロンティアを開放することである。とくに信用事業の代理店化は、単協信用事業の積極展開を抑えて金融資本に市場開放するのみならず、単協職能組合化のテコとなり、信用・共済事業の収益を拠り所にした総合農協の事業展開を制約・破綻させ、生産資材・農産物販売・生活関連分野の市場も明け渡させる。

思想——株式会社主義

とくに規制改革推進会議の全農・クミカン・指定団体への攻撃に共通するのは、「協同組合嫌い」の一語に尽きる。財界は自分の甲羅に似せて農協を「改革」しようとする。その甲羅とは株式会社に他ならない。その背景には市場経済において最も効率なのは株式会社だとする新自由主義、あるいは株式会社主義がある。このことは農協「攻撃」が他の協同組合に対する攻撃に飛び火しうることを示唆する。

方法——非民主的・権力的

官邸の人事独裁の下、各界代表ではなく一部の財界人や新自由主義者が首相の諮問機関である規制改革推進会議の半ば定席化した委員となり、そういう特定の者が支配する一機関の意見に過ぎないものが、首相の権力をバックにすることにより、官邸に人事支配された自民党や農水省の微調整を受けるだけで政府決定となり、法案であれば与党多数の議会で強行採決される。結果は、一握りの財界・新自由主義のイデオロギッシュな主張が一国の政策を支配する。このような政策決定過程は実質的に関係者ひいては国民の声を無視している点で極めて権力的で非民主的である。

安倍首相は、11月7日の規制改革推進会議で「全農改革は農業の構造改革の試金石であり、新しい組織に全農が生まれかわるつもりで、その事業方式、組織体制を刷新していただきたい」「指定団体に出荷する酪農家のみを補助対象とする仕組みをやめ」と「ご発言」したが、審議途中の案件への一方的発言は権力濫用である。

それに対して早速、専門委員の一人（東大教授）が「総理が、皆様からいただいた点は、私が責任をもって実行する、とおっしゃっているので、まさにそこがポイント」（議事録）と応じているが、端なくもそこに「虎の威を借る」規制改革推進会議の本質が現れている。

歴史性——農協の体質的弱みを突く

農協関係者としては、農協監査や農協が地域社会で果たす役割など、つい最近までは農政によって評価されてきたものが、ここにきて手のひらをかえすように否定されることに戸惑いがある。しかし中央会は果たして農協なのか[22]、全農（全購連）は価格や取引を団体交渉する機能だけではいけないのか（注（3）の東畑四郎の見解）、「農業者（農民）の協同組織」と准組合員の関係、准組合員（非農家）

利用と農協監査、といった、その多くが戦後農協が発足当初から抱えてきた矛盾や弱みを、ここにきて見事に突いてきている。また信共分離論も前述のように１９９０年代の規制緩和政策の登場とともに主張されてきたものである。

そういう「古い」論点がここにきて一挙に決着を迫られるに至ったのは、一にかかって安倍政権というかつてなく強い権力の登場によるものである。これらの歴史的論点について農協陣営としても正すべきは正した上での正面からの対決が必要である。

戦略性――二者択一と分断

「押し付け改革」を「自己改革」と称して農協自らの自主的行為であるかのようにすり替え、「農業所得の増大」という誰も反対できない錦の御旗をかざし、全中を取るか准組合員利用規制を免れるか、准組利用規制を受け入れるか公認会計士監査を飲むかの二者択一を迫る点で、周到に組み立てられた精緻な体系性をもっており、背後に単一の仕掛け人の存在をうかがわせる。

認定農業者のみに農協「改革」に関するアンケートをとるなど、准組合員と正組合員の利害対立を強調する、認定農業者とその他農業者を離反させる、組合員と単協を分断させる、全農資材の割高や中央会の賦課金徴収の多寡をめぐり単協と県連・全国連を分断させる、そして全国連同士を分断する。とくに全中会長を権力側に引き込もうとするアプローチが目につく。さらには農協を内輪だけで固まる閉鎖的な既得権組織として描き出し、市民社会と分断させる。

分断の種は、信用事業を代理店化した農協と単協事業して継続する農協、監査を農協系監査法人に依頼する農協としからざる農協という形でも将来にむけて蒔かれている。農協系統として一致した対応が必要である。

対抗戦略——団結

ここからすれば対抗軸は明らかだと言える。それは団結の一語に尽きる。正組合員（農家）と准組合員（地域住民）、組合員と農協役職員、単協と連合会、連合会同士の徹底した話合いに基づく一致団結、さらには市民社会との連携以外にはない。とくに産地農協と都市農協、北海道、東日本、大都市圏、西日本、九州の間の相互理解が欠かせない。

農協「改革」はＴＰＰと対だった。ＴＰＰが発効されなくても、それは別の形をとって甦り、農協「改革」の手はゆるまない。問題は長期化することを見据えて、粘り強い話合い・団結・連帯を怠ってはならない。

とくに内部的には公認会計士監査への移行、准組合利用規制導入の脅しに対して時期を逸しない取組みが必要である。

2　農協の選択肢

代理店化か広域合併か

農林中金は、「『ＪＡバンク基本方針』変更」で「ＪＡが組織再編を行う場合、合併による取り組みが基本となることに変わりはないが、ＪＡが営農経済事業に注力するために自ら希望して信連又は農林中金への信用事業譲渡（代理店化を含む）を行う場合について、……必要な支援措置を設ける」とした。

前述のようにＪＡバンク化に係わった農林官僚（と財界）の意向は、ＪＡバンク法以降の農協の組織課題はＪＡバンクの深化（代理店化）にあって、既に合併ではなかった。しかし現実には一部地域でさらなる広域合併や1県1農協化が追求されている。

こうして中金「ＪＡバンク基本方針」は、（脆弱な）単協の信用事業を「救う」には、合併（より広域合併、1県1農協化）か、それとも合併を避けて支店・代理店化するかの二者択一を設定したといえる。

さらなる広域合併はいわゆる護送船団方式だが、弱い者同士を集めても強くはなれないし、単協の産地農協としての独自性が失われる懸念が強い。

代理店化は、表面的には産地農協の独自性を保持しうるかもしれないが、前述のように代理店化に伴う手数料が現在の単協の運用レートを大幅に割り込めば、信用事業で経済事業や営農指導事業の赤字をカバーすることができなくなり、産地農協としても成立しなくなる。

自己改革の道

つまり二者択一のいずれもが現実的でないとすれば、第三の選択肢は、これ以上の広域合併も支店・代理店化も避ける自己改革の道である。そこでの課題は、第三の選択肢を選択し支えていくような組合員を育て上げる農協組織の刷新・活性化である。

差し迫った農協「改革」の嵐の中で、それはあまりに迂遠な課題設定かもしれないが、信用事業代理店化をターゲットとした農協「改革」は、それをしない限りは半永久的に続く攻撃であり、農協としても長期サバイバル戦略をたてる必要がある。次項では農協組織の刷新・活性化を事例に即して考える。

3　組織の刷新・活性化の課題

准組合員と正組合員の熟議

農協「改革」のなかでの最重要な組織課題は正組合員と准組合員がともに農協の事業・運営に関われるような意見交換と利害調整の場をどう作り上げるか、そのことを通じて農協の進路選択にどう係われるかである。

准組合員問題については次章で取り上げるのでここでは簡単にするが、そもそも准組合員は議決権をもたず、組合員は平等の議決権をもつというＩＣＡの協同組合の第二原則に反する。かといって形式民主主義を整えるために准組合員に直ちに議決権を付与するといった機械的措置をとることは混乱を生むのみだろう。

農家と非農家では関心も階層的利害も異なる。准組合員としても近場で利便性の高い農協の特定の事業を利用するだけの関わりと割り切り、それ以上のコミットまでは望まないかもしれないし、正組合員としても「知らない人」が入ってくることにはとまどいがある。農協「改革」はまさにそこに楔を打ち込んできた。

かといって、准組合員が利用（と出資）だけにとどまることは、組合員参加という協同組合のメリットを活かすことにはならない。農協が地域密着業態を展開し、現に准組合員も構成員となっている農協の将来像を描いていくうえでは、准組合員の議論参加が求められる。

まずは准組合員とは誰なのか、どんな意向・ニーズをもっているのかを知る必要がある。そして階層利害・関心を異にしつつも同じ地域の定住者である正組合員と准組合員が、農協の農業や地域生活への関わり方、農協へのニーズ等について、熟議する機会やレッスンを積んでいく必要がある。それは組織というよりは運動のレベルでの交流だろう。次章に見るように都市農協はそういう実践に踏み出しているが、多くの農協にとってはなお漠とした課題にとどまっている。そこを変えていくことから始めたい。

農家（生産）組合

「地域密着組織」として「地域密着業態」を展開する農協がその末端（基礎）として組織したのが「農家組合」「生産組合」と呼ばれる「むら」組織である。それは「農家小組合」として戦前にもさかのぼりうるが、高度成長期に作目別部会組織が地域横断的に組織され、他方で、農村の混住化が進み、行政の末端としての自治会組織が整備されるなかで、農家組合は両端から侵食される形でその存在が希薄化していった。そうではあるが、農家組合は今日もなお農協理事や部会役員等の選出協議母体になっており、農協の事業展開の地域単位でもあり、その位置はゆるがない。

農家組合の構成員たる農家は、専業農家から、全農地に利用権を設定した土地持ち非農家化まで多様なグラデーションを描きつつ、非農家（准組合員）に連続していっている。正組合員と准組合員は実態としては峻別されるようなものではない。さらに正組合員資格として就農日数と耕作反別がかかげられているが、後者を外そうかという動きもある。農地所有者たることが「農家」の最後の指標であるとすれば、そのもたらすものは意外に大きい。

このような農家から非農家への連続性に鑑みれば、農家組合は前述の正准の熟議のための組織にもなりうる。そのためにも改めて農家組合の意義が再評価されるべきである。

松本ハイランド農協は農業の構造変化のなかで農家組合が形骸化、形式化するのを避けたいと、２００５年から「農家組合活動」に取り組んでいる。部会組織を縦組織、農家組合を農協の「面的基盤組織」と位置づけ、ＪＡの組織機構図に明示的に位置づけ、「集落を単位にそこで暮らすみんなの幸せを協同の力で築いていこう」と、組合員の営農や生活のすべてに係わる活動を自主的に行う組織（横の結集）とし、農家組合というと誤解を生じるが、「農家だけの組織ではありません」、「集落内のすべての組合員（准組合員を含む）で構成される基本的な集落組織です」としている（同農協パワーポイントより）。農家組合には「くらしの専門委員会」と「信用専門委員会」がおかれ、前者はどちらかと言えば女性中心で、後者はかつて共済の推進に職員と役員が共に歩いた伝統を引き継ぎ、部会組織から落ちるところをカバーする形で農協の事業面につながっている。

「農家組合活動」には活動助成金を1年目7万円以内、2年目3万円以内、3年目5万円以内で交付し、活動を軌道に乗せるのが狙いである。現在までに３２２農家組合のうち１５８組合が対象になり、なかにはＪＡからの助成金がなくなっても取組みを恒例行事化したいという組合も出てきている。

半数は取り組めていないが、その理由として、後継者のサラリーマン化、活動が文書配布等に限られている、リーダーの高齢化等があげられ、それぞれ対策を講じている。

具体的な活動としては食農教育、福祉、健康管理、知識向上、暮らし、仲間づくり、地域づくり等があり、親子収穫体験、伝統のしめ縄づくり、料理講習会、農閑期健康教室、休耕田を使って里芋をつくり特養に寄付する等の活動が農協広報誌「夢あわせ」に紹介されている。准組の参加を確認しているわけではないが、参加可能な活動内容と言える。

作目別部会（生産者協議会）

以上の地縁組織としての農家組合に対し、部会組織は、農協の産地形成と共同販売体制の土台になる組織だが、立派な共販体制を築き上げてきた部会ほど、それを担ってきた世代が高齢化するなどのなかで、新たな農業・流通環境に対する対応力を欠く可能性が生じている。一種の制度疲労である。

一例をあげると、ある園芸産地の農協が、研修制度を整えるなどして都会からの新規就農者を地域農業の後継者として迎え入れ、手当を支給し農家研修も含めて研鑽を積ませたうえで園芸作農家に育て上げたが、いざ出荷となった時、彼が出身地の都会での知り合いに直売しようとしたところ、部会からクレームが付き脱退することになった(23)。これが農協の指示に基づいている場合は、独禁法違反に問われることになる(24)。

共販体制はクローズドの組織だが、いまそれがオープン性とどう併存しうるかが問われている。これまでも直販と農協共販を両立する様々な試みがなされてきた。伝統ある農協組織に制度疲労がみられるとしたらその刷新が必要である。

いま東日本をはじめ多くの農協が「脱コメ」・園芸作シフトを図っている。新たな産地形成に農業者の自主的組織としての部会の組織化が不可欠だが、今日的な工夫が必要である。また都市部などでは、例えば直売所出荷者部会、家庭菜園部会といったような新たな部会も考えられる。

女性部・青年部

これらの伝統ある組織にも同じことがいえないか。女性部についてこんな例を聞いた。ある女性が親の介護経験から農協の福祉活動に興味をもち、女性部活動に身を入れたが、そうなると部としての一泊旅行やカラオケ大会への参加が求められる。それがいやで仲間とグループを作って女性部を抜け、農協外に自分たちの福祉活動グループを作った。

要するにかつての組織はいわば全人格的結集を求められるが、今日はグローバル化のなかで「ばらける時代」になっており、それぞれ趣味・興味・関心に応じて部分結合していく。そういう状況にどう適応していくかが問われる。

にじ農協（福岡県東南部の園芸産地農協）では、「星の数ほどグループをつくろう」を合言葉に、女性部加入を条件としてグループ別組織への女性部再編を行い、活性化している。そのなかで人気が高いのは、直売所や葬祭事業のギフト向けの加工品製造や体験農園など、農協の「事業」と関連づけた事業活動だという。またいくつかの生産部会に女性部が組織されている。北海道での女性農業者の地域活動への参加意向の調査でも、女性農業者ネットワーク、グループ加工活動への参加意向が高いという(25)。

ここにみられるのは関心別小グループ化と事業活動への意欲である。

青年部も伝統ある組織として、ともすれば活動がルーチン化し、会合が終わっても飲みに行かない、組織に誘うと「メリットがない」と言われる。そういうなかで普及センターが組織した青年農業者グループが、農協青年部等と組んで、生産者として農業高校の料理コンテストの審査員を務める活動を行い、優秀作品はコンビニチェーンと提携して弁当に商品化するなど手ごたえを感じている。また東京での直売会活動、首都圏の大学生に物産展の売り子になってもらうなど、地域農業のサポーターになってもらったりしている。学校、観光協会、商工会議所などの「異業種交流」に支えられた新しい活動が組織を活性化させているといえる(26)。

農協理事の選出体制――階層性と地域性のマトリックス

今回の改正で、認定農業者や経営・販売のプロが理事の過半を占めることとされた。しかるに認定農業者等は地域的に偏在する可能性があり、また働き盛りの認定農業者は自家農業に多忙を極めている可能性も高い。これまでの農協理事は、農家組合がいくつか集まってそこから順繰りに理事を推薦する等、地域代表性を基本性格としてきた。農協が前述のように地域密着組織であり、地域密着業態を展開するうえでは、地域代表を通じて地域とつながることが決定的な重要性をもつ。先に准組合員の共益権について触れたが、准組合員の具体的な要求はむしろ准組合員の多い地域から「我が地域の理事」を出すことにある。

地域代表性といっても、その「地域」は集落や大字（藩政村）、明治村、昭和村、何次かの合併前の農協の範囲などさまざまであり、いずれかの歴史的な地域単位に着目する必要がある。

その理事選出の地域単位（選挙区）が決まったとしても、今度は各地域の組合員の賦存状況によっていわば一票の価値が異なる場合がありうる。その場合にも、どの地域からも最低1人の理事を出せることが大切だろう。要は、認定農業者、女性代表、青年代表等の階層性と地域を縦横にとったマトリックスを描き、各地域から何らかの階層性を代表する理事が万遍なく出られることではないか。

まとめ

本章の冒頭で農協改革を、外から押し付けられた農協「改革」の道——農業所得の増大等——と、信用事業代理店化という農協「改革」のターゲットに対峙する「内なる自己改革」の道——組合員組織の刷新・活性化——の二つに分けた。しかし現実が二つに分かれているわけではないし、二つの自己改革プランを作成するなどできることではない。要は、そういう自己改革のプランの中に、今一つの組織の刷新・活性化の課題を入れ込み、実践に踏み切っていくことである。

その一環として組合員教育が欠かせない。北海道農協中央会は、農協「改革」のなかで「人づくりビジョン・実践方策」（2018年1月）を打ち出し、受け身の「教育」から、自主的な「学習」への転換を提起しているが、「協同」が人間の極めて意識的な活動であることに鑑みれば、時宜にかなった提起だと言える[27]。

注

（1）拙著『戦後レジームからの脱却農政』筑波書房、2014年10月、同『農協・農委「解体」攻撃をめぐる7つの論点』筑波書房ブックレット、2014年12月、同『官邸農政の矛盾』筑波書房ブックレット、２０１５年６月。

(2) 伊従寛「中小企業協同組合の団体交渉権と協同組合活動」『中小企業と組合』２０１２年１月号。中小企業協同組合法９条の２第12項、農協法10条14項で団体協約は認められており、後述する指定団体も同様である。

(3) 農林官僚として農業団体再編に苦闘した東畑四郎は、全農の前身の全購連について「ああいう膨大なる農協の中央機関は世界にないですよ」「全購連なんていうあんなばく大なものはいらんと思うね。権力機関みたいなもんでね。あれが腐敗するもとですよ。ああいうところの職員は、ろくでなしになってしまう」「**何もみずから扱うことはないんで肥料の価格なりなんなりを組織の力で決めればいい**」（東畑四郎『農業構造問題研究』10号、１９６７年、ゴチは引用者）と述べていた。彼は「団体問題っていうのは、団体職員の問題であることが多い。極論を言うと、農民問題ではない場合がある」ともしていた（東畑四郎『昭和農政談』家の光協会、１９８０年）。単協から積み上げた組織ではなく連合会先にありきの組織で、その職員を食わせるための問題という理解である。東畑は一種の団体交渉・団体協約をよしとしていたと思われる。今回の農協「改革」はこのような農林官僚積年の悲願が安倍政権をきっかけとして噴出したともいえる。

(4) 例えば後述する日本の指定生乳団体は一種の団体交渉・団体協約型の組織といえるが、今日では97％の集荷率をもっている。ヨーロッパのコープイタリア、ＣＷＳ（イギリス）等の全国生協組織も団体交渉・団体協約方式である。

(5) 職業選択の自由と営業の自由の関係については、石川健治「営業の自由とその規制」大石真・石川健治編『憲法の争点』有斐閣、２００８年。

(6) 山尾政博「北海道における『組合員勘定制度』の成立と展開」『北海道大学農経論叢』１９８３年３月号。

(7)坂下明彦他『総合農協のレーゾンデートル』筑波書房、2016年、Ⅳ。
(8)保証価格（生産費）と基準取引価格（加工メーカーの支払い可能乳代）の差額の不足払いで、2001年からは生産コストの変化率に基づいて単価決定。
(9)千田正作「これからの生乳の生産・流通の展開方式を考える」『畜産の研究』40巻1号、1986年。
(10)本郷秀毅「乳業メーカーは改革意見をどうみるか」『農業と経済』2016年9月号。
(11)矢坂雅充「生乳取引・流通の現状と課題」『月刊NOSAI』2016年8、9、10月号。
(12)小針美和「指定生乳生産者団体制度のあり方をめぐる論点整理」『農林金融』2016年12月号。同論文は制度の変遷もトレースしている。
(13)後に首相の指示で、規制改革推進会議も監視に加わることになった。
(14)規制改革推進会議は、改正農協法の附則に言う5年間の「農協改革集中推進期間」は、全農改革等については、改正法施行の2016年4月からではなく、2014年6月からの5年間だとする見解をとり、「改革」を急かせようとしている。
(15)その後の報道では、①補給金の交付に必要な年間販売計画に生乳が生産される地域や用途別・月別の販売予定数量を記載し、販売実績を四半期ごとに確認することで需給調整を図る、②指定団体に代えて指定事業者を指定し、集送乳補給金をプラス支給することで指定事業者への結集を図る、としているが（日本農業新聞、2017年1月28日）、①は要するに指定団体の需給調整機能に代えて国が需給調整するに等しく、それできめ細かな需給調整が可能か、そもそも国の介入を減らす「規制改革」の趣旨に反しないか。②指定事業者が分立し、部分委託が認められるようであれば、現在の指定団体が有する97％という高い結集力を発揮しえず、対乳業メーカーの価格交渉力が削がれる。
(16)拙著『反TPPの農業再建論』筑波書房、2011年、V。
(17)拙著『農業・食料問題入門』大月書店、2012年、第10章。

(18) 以上は農林中金による。
(19) 具体的には、農協貸付金の高い割合を占める住宅ローンの先細りと金利低下、農林中金の収益悪化に伴う還元（奨励金）水準の維持困難、既に信用事業収益が3年連続減少の農協が3割、地銀の7割が減益等が挙げられている。
(20) 株式会社化は、規制改革会議の原案（事業譲渡、代理店化のみ）に自民党が悪乗りしたもので、当面は「金融庁と中長期的に検討」となったが、「小泉氏が目指す改革の『本丸』は、全農や農林中金の株式会社化と、株式会社による農地所有権の取得だ」（読売新聞、2016年5月8日）と目されている。
(21) それはTPPのISDS条項を使うことで可能だが、第3章でみるように、たとえそのTPPがとん挫しても在日米国商工会議所（ACCJ）等の要求が日米二国間交渉に貫徹していく。
(22) 農林省農協課で農協法改正を担当した今村宣夫・中沢三郎事務官は、中央会が構成員以外の農協にも指導権を及ぼすことをもって、「中央会は……農協法に含まれているとはいえ、農協ではない。……組合概念をもって律することのできないものであるため、農協法に含ましめることが妥当であるかについは議論のあるところ」としていたとされる（『全指連史』1954年、353～354頁。満川元親『戦後農業団体発展史』明文書房、1972年、294頁からの孫引き）。
(23) 拙稿「担い手経営の規模拡大に関する調査報告」『土地と農業』42号、2012年。
(24) 肥田野亮「農業分野における独占禁止法の留意点」『JA金融法務』2017年1月号。
(25) 以上の例については、坂下明彦・前掲書、V－3（高橋祥世稿）。
(26) 拙著『地域農業の持続システム』農文協、2016年、第3章。
(27) 拙稿「農協改革と教育」（日本農業新聞2017年2月21日）。

第2章　農協の准組合員と剰余金配分

はじめに

本章では前章では詳述しなかった二つの問題を取り上げる。一つは農協「改革」のテコとして使われている准組合員問題である。この点を避けてきたことが、農協「改革」をここまでのさばらせる一つの原因にもなっており、問題の所在と課題を明らかにする必要がある。准組合員問題は、農協としては取組みの難しい「アキレス腱」であり、農協「改革」の側からすれば、「改革」を進めるうえでの「打ち出の小づち」になっている。

二つ目は剰余金処分の問題である。剰余金処分のあり方はこれまで単協の裁量に任され、研究の対象にもならなかったが、改正農協法は、これからの農協は「高い収益性」を実現し、それを投資や事業利用分量配当に充てるべきとして、「剰余」概念を「収益」に変え、その充当の方向付けを行い、「営利を目的としてその事業を行ってはならない」という農協の非営利規定を削除した。それらは今後の農協のあり方を深いところで規定していくことになりかねないので、強く意識する必要がある。

この二つの問題には関連性がある。すなわち正組合員と准組合員の人数や出資の割合により剰余金処分（配当）のあり方が異なるからである。逆に剰余金処分（配当）のあり方はその農協における正組合員と准組合員の位置づけを示すことになる。

Ⅰ 准組合員問題

1 准組合員問題の経過

農政と准組合員問題

まず、今回の農協「改革」における准組合員問題の取り上げ方がいかに唐突で、農政展開の歴史からも外れているかを確認するために、准組合員問題の歴史的経過をみておこう。

戦前の産業組合時代からの准組合員の取り扱いについては他を参照願うとして[1]、戦後について簡単に触れたい。准組合員制度については、「アメリカの思想だということは間違いないですよ」（小倉武一）、「准組合員規定から、組合員の管理運営への参加権が排除される」のはGHQの「農民解放指令」によるものという、准組合員制度アメリカ押し付け論がある[2]。しかしそれは間違いである。

農協法については八次案まであるが、その三次案（1946年11~12月、農政課試案）に既に「当該地区内に住所を有し独立の生計を営む者」も組合員資格を有するが、評決権、理事の選挙・被選挙権等は与えられないとしていた。それに対して1947年1月15日にGHQ天然資源局長の農林大臣指示において、「准組合員（Associate membership）資格を認めること、この准組合員には選挙権以外のすべての権利を与えること」とされた。要するに基本的に日本案の追認であり、権利については選挙権以外は認める点でより幅広だった（ただし１９４７年１～２月のＧＨＱ第一次案、では「議決権を有しない」とされる）(3)。

文書に残された以外にも直接のやり取りがあったかもしれない。しかし文書に残された限りでは准組合員制度はアメリカに押し付けられたものではなく、かつ日米双方とも第1条で農協を「農民の協同組織」としたうえで准組合員制度を認めていた点も注目される。

その後の農政は、農協を「農民（農業者）の協同組織」とする職能組合制度論は頑なに守りながら、実際の多様な事業展開については柔軟に認めてきた。高度経済成長期に地域協同組合化か職能組合純化かが激しく争われたが、農政の建前としての「農業者の協同組織」堅持、実態としての准組利用を含む地域協同組合化追認の姿勢は変わらなかった(4)。

今回の准組合員利用制限論は、以上の経緯からすれば突然変異である。口火を切った規制改革会議の農業ＷＧの意見（２０１４年5月）は、「准組合員の事業利用は、正組合員の事業利用の2分の1を越えてはならない」とした。規制改革会議の「第2次答申」（同6月）は、「農協は農業者の組織として活動してきたが、時代の変化の中で、農業者でない准組合員の人数が正組合員の人数を上回り、信用事業が拡大する中で、農協法制定時に想定された姿とは大きく変容しているとの指摘がある。／したがって、農協の農業者の協同組織としての性格を損わないようにするため、准組合員の事業利用については、正組合員の事業利用との関係で一定のルールを導入する方向で検討する」と、「2分の1」を「一定のルール」に改めた。

検討のタイムスケジュールも、中央会がトップの「平成26年度検討・結論、次期通常国会に関連法案の提出を目指す」だったのに対して、准組問題は「平成26年度検討・結論」と二番手だった。にもかかわらず2015年の年明け前後から、中央会の農協外し（一般社団法人化）か、准組合員利用規制かが同じ土俵での二者択一問題に祭り上げられた。「JA全中をとるか、准組合員をとるか—。政府は二者択一を迫ることで、農協組織内の『分断』を図った形だ。農水族議員は『准組合問題の見送りを持ち出され、揺さぶりをかけられたのが響いた』と振り返る」（読売新聞2015年2月10日）。

同じく読売は「政府関係者は、『改革の本丸は監査権の廃止だ。利用制限案は、全中に廃止をのませるための材料でもある』と話す」と報道した（2月4日）。まさに准組問題は全中つぶしのための取引材料として使われたのである。

官邸の「農協憎し」にさらに火をつけたのは2015年1月11日投票の佐賀県知事選だった。「首相周辺は佐賀県知事選の敗北を機に（全中廃止への）『首相の思い入れが一段と強まった』と党幹部に伝える」。官房長官も「『選挙運動ばかりしている農協の改革は徹底的にやった方がいい』。とJA全中への『宣戦布告』と受け止められた」（日経新聞2月10日）。

准組問題のイコールフッティング論——アメリカ金融資本の狙い

しかし准組問題をたんなる「取引材料」とみたら、それは甘すぎる。緒戦で全中潰しの取引材料に使ったまでであり、准組問題それ自体の根は深い。周知のように、かねてから共済問題等について執拗に要求してきた在日米国商工会議所（ＡＣＣＪ）は、２０１５年5月まで有効な「ＪＡグループは、日本の農業を強化し、かつ日本の経済成長に資する形で組織改革を行うべき」という長いタイトルの「意見書」を出した。それは「ＪＡグループの金融事業を金融庁規制下にある金融機関と同等の規制に置くよう要請する」とし、このイコールフッティングが「確立されなければ、次の規制などを見直し、ＪＡグループの金融事業を制約すべき」として、員外利用、准組合員制度、独禁法特例をあげている。

そこでは特に「ＪＡグループの金融事業は実質的に不特定多数に販売している」、ＪＡの「自己改革案の中にはＪＡグループの金融事業の更なる肥大化につながるものが散見される。たとえば、『農業・地域を支えるパートナーの拡大』などでは、今後准組合員の拡大等ゆがんだ構成員体系が一層進む恐れがある」とし、規制改革会議の准組利用は正組の2分の1以下という意見を歓迎するとしている。さらに「こうした施策の実行のため、日本政府及び規制改革会議と密接に連携」と連係プレーを誇っている。ＡＣＣＪの当面の実質的なターゲットは准組問題（制度廃止あるいは利用規制）といっても過言ではない。

「金融庁規制下にある金融機関と同等の規制」は、農協「金融」を農水省の監督から金融庁に移すだけでなく、全中監査から公認会計士監査への移行を含意していると見るべきである。そのことは次の自民党の見解にも反映している。すなわち当時の斎藤健農林部会長は、中央会監査の改革（全中潰し）と准組合員問題は「並列した問題ではなく因果関係がある」とした。具体的には、「今のままの監査であるなら准組合員の利用制限が必要ということとなる」とある研究会で述べた（農協新聞3月20日）。要するに、准組合員利用規制しないなら（一般人が利用する一般金融機関と同じく）公認会計士監査に移行すべき、中央会監査にとどまるならば准組合員の利用を規制をすべき、というイコールフッティング・二者択一論であり、ＡＣＣＪのイコールフッティング・二者択一論（金融庁監督か准組利用制限か）を、公認会計士監査問題に具体化したものである。つまり准組問題の背後に、アメリカ金融資本の日本市場狙いと、イコールフッティング論という名の新自由主義の攻勢があるといえる。

「農業所得の増大」のための准組利用規制

二者択一ということで、中央会潰しを飲めば、准組問題は勘弁してもらえるのかといえば、前章で見たように、次は総合農協潰しのための信用事業代理店化のテコとして活用する。

農協法改正に当たっては、農水省は「農協はあくまで農業者の協同組織でございますので、正組合員である農業者のメリット優先でございます。／したがいまして、准組合員へのサービスに主眼を置いて、正組合員である農業者へのサービスがおろそかになってはならないというふうに考えております」（衆院農水委員会２０１５年６月４日、奥原参考人答弁）。要するに准組利用（へのサービス）が農協の農業への取組を阻害しているという想定だ。

前述のように規制改革会議第二次答申は「准組合員の事業利用については、正組合員の事業利用との関係で一定のルールを導入する方向で検討する」とし、改正農協法附則第51条2では、今後5年間、正組合員及び准組合員の利用の状況並びに改革の実施状況について調査を行い、検討を加えて、結論を得るものとする、とされた。取引材料としての准組問題は、中央会との二者択一だけでなく、「改革の実施状況」全体との二者択一に格上げされ、政府の思う通りの農協「改革」を進めるテコになった。

奥原経営局長は「調査の中身はこれから検討していく」としつつ、「事業ごとに正組合員と准組合員の利用量がどのくらいであるかというようなこと、それから、各地域ごとに見たときに、当該事業についてほかにサービスを提供する事業者がどの程度あるのか、こういったことも含めて調査していく必要がある」としている（同上）。

要するに事業別地域別利用割合制限ということだろうか。現在でも員外利用規制は医療については100分の100に緩和されている。医療は公共性が強く、診療拒否できないことがその背景にある。しかし公共性に鑑みれば員外利用規制を外すのが筋で、なぜ100分の100なのか、その説明は困難である。

員外利用はまだしも、准組合員は農協の事業を利用できる出資組合員である。その利用を制限する理屈、いわんや特定の割合に利用制限する理屈、さらに事業ごとに利用割合の上限を定める理屈はたちにくい。

競合（ほかにサービスを提供する事業者）がどれくらい有るかのチェックについては、金融過疎、買い物難民地域は准組利用も致し方ないということなのだろうが、そういう地域を除けば信用、共済、生活事業とも他に事業者はいる。経済事業にしてもそうだ。そこから言えることは、せいぜい地域独占を許さず、対等平等の競争をすべきということであり、准組利用制限ではなかろう[5]。公認会計士監査が導入されたあとに残る農協への配慮は法人税率の軽減措置ぐらいだが、それは協同組合や公共性をもつ事業体に適用されていることで、農協だけを外すわけにはいかない。

要するに、准組合員の比率や利用状況をどう調査したところで制度に係わるような結論は導き出せない。准組問題は、農協「改革」の成果が官邸農政が期待するほどに上がらなかった場合の「犯人」を予め特定しておき、責任をなすりつける見込み捜査のシナリオである。

2　准組合員の利用制限は可能か——共益権との関係

准組合員の法律問題

では現実に准組合員の利用規制は可能か。本書は利用制限できないという立場であり、利用制限は、抜くことはできないが、「抜くぞ」という脅しとしては有効な「伝家の宝刀」だと考えるが、その点についてもう少し詰める必要がある。

第一の根拠は憲法29条の財産権不可侵との関係である。組合員の貯金等を制限することは准組合員の財産権を侵すものである。しかし、これは絶対的とは言えない。准組合員が既に預け入れた、生活利便性が高く、金利等の条件も有利な農協貯金を削ることは財産権の侵害にあたる。しかし既得権と異なり、新規の預け入れについては他にも運用の道は開かれており、一概に財産権の侵害とは言えないだろう。

第二の根拠は独禁法との関係である。独禁法は協同組合を適用除外として、その共同事業の行為を認めているが、適用除外を受ける「組合（組合の連合会を含む）」の要件の一つとして「各組合員が平等の議決権を有すること」としている（22条3項）。この議決権平等の規定を延長すれば、組合員が事業利用においても「平等」であることを義務付けていると言える。

しかし、この解釈にも重要な難点がある。それは言うまでもなく准組合員は農協法においてそもそも議決権を与えられていないからである[6]。つまり独禁法適用除外の組合たる要件を厳密には欠いている。では独禁適用除外から外すかといえば、それは後ろ向きの問題の解消であって、農協の全制度を覆すことになる。となれば、残る道は准組合員にも議決権（共益権）を与える制度改正しかない。

その具体的方向は、総議決権の４分の１までを准組合員に付与することである。なぜ４分の１かといえば、会議は２分の１の出席で成立し、その２分の１で可決できる。従って形式的可能性として４分の１超の議決権を有していれば議決が可能であり、組織を支配しうる可能性をもつ[7]。農協が地域協同組合としての実態を濃くしつつも、なお生協等に解消されるのではなく、食や農に力点を置く、農的地域協同組合にそのアイデンティティを求めるのであれば、やはり正組合員の主導権は確保しておくべきだろう。

農水省がこのような法改正を認めるかと言えば、准組合員を目の敵にしている現状では極めて困難だろう。しかし今日の農協「改革」に立ち向かうには、それほどの覚悟が必要である。

准組合員問題への実践的対応

全国農協大会議案は、ここ数回、組合員制度の再検討を課題に掲げてきたが、その具体化は避けてきた。第27回（２０１５年）ＪＡ全国大会議案も、４月段階では「職能組合としての性格を損わないよう一定の限度内において、准組合への共益権の付与、総代への登用が必要ではないか」としていたが、６月時点では、「食と農を基軸とした地域に根ざした協同組合」として准組合員を「農業や地域経済の発展を共に支えるパートナー」と位置づけ、「農業振興の応援団」とする取組みを強化するとしつつ、併せて「段階的に准組合員の意思反映・運営参画をすすめる」と、トーンダウンあるいは現実化した。

そういう問題先送り的な曖昧さが、准組合員が過半を占めた段階で財界や官邸農政に見事に突かれ、准組サービスに熱心なあまり農業者サービスがおろそかになっているという、いわれのない非難を浴びることになった。

しかし直ちに制度改正を要求し、実現することが問題解決になるかといえば、必ずしもそうではない。その点では大会議案は妥当である。まずは准組合員の実態と、その農協事業利用の実態、そこでの要求等をきちんと把握し、踏まえる必要がある。そもそも正組合員と准組合員は、農家と非農家という階層性を異にし、要求も異なる。例えば農業投資は直接には准組合員への利益にはならない。准組合員の事業利用からも発生する剰余金からの積立金を共選施設の投資に充てることには准組合員は慎重かも知れない。他方で直売所の設置については、出荷する正組合員、買い物する准組合員の利害は一致しやすい。このような階層利害の違いを違いとして認めたうえで、それぞれの長期的利益になるような事業展開を考えるには、制度的対応の前に十分な熟議の訓練が必要であり、今はその時期だといえる（前章）。

現在でも理事の3分の1未満については正組合員以外もなれる。つまり准組合員にも被選挙権はある(8)。准組合員理事が准組合員の意向を何らかの形でとりまとめて理事会に反映させる道もありえる。また集落座談会や総代会への出席・意見表明(9)、支店運営委員会への参画等、いろいろな実態的な参加のあり方がありうる。

３　准組合員の実像と期待

准組合員とは誰か

このような実践的対応を図るにあたっては、まず准組合員の実像を知る必要がある。いくつかの調査結果をみる。

北海道は准組合員の割合が最も高く80％を超すが、そこでは畑作専業地帯における離農者が在村のまま准組合員化するコースが想定される。しかし現実には准組合員28万人に対して、データが取れる１９８０～99年の在村離農者数は１・９万人、その後２０１２年までの離農者全体を足しても３万余で「正組合員から准組合員への移行の割合はさほど高いとはいえない」とされている[10]。想定は裏切られたとみるべきである。

府県の３農協（Ａ　東海・都市近郊園芸産地、Ｂ　近畿・米兼業地帯、Ｃ　関東・大都市近郊）における准組合員アンケート調査（２０１６年、回収１２５９、回収率46・４％）では、農家出身者の割合はＡ39％、Ｂ56％、Ｃ36％だった[11]。「農家出身者」には離農者と初めから非農業の農家子弟の両者が含まれうるが、「地域住民が大勢を占めている」と結論されている。同論文では都市農協の准組合員の「利用度合い」に関するアンケート結果も示されているが、高い方から貯金、直売所利用、共済、資材購買、ローン、高齢者福祉、燃料となっている。

横浜農協（組合員１・２万人、准組合員５・３万人）では、「把握准組合員」という言い方がされている。「把握准組合員」とは、正組合員の分家など「支店が把握している准組合員」ということで、ほぼ２２００〜２３００名程度。３４０の支部組織（生産班）に所属し、なかば正組合員扱いである（支部参加者の16％ほどを占める）。確かなことは言えないが、この「把握組合員」を除く准組合員は元からの非農家とみなせる。それが圧倒的である。

以上の限りでは、准組合員には元農家（離農者）や農家分家も含まれるが、多数を占めるのは地域住民だといえる。

准組合員の農協への期待

横浜農協は、２０１２年に合併10年を迎え、准組合員アンケート調査を行い、１・４万人から回答をえた（回答率38％）。それによると、准組合員の出自等に及ぶ設問はないが、「ＪＡへの加入理由」では、職員の勧め40％、家族知人の利用33％、施設やイベント21％、配当金に魅力24％等が多かった。「職員の勧め」は職員が貯金の多い員外者を准組に勧誘したものと思われる。「家族知人の利用」は准組の人が住宅ローンの利用等を友人に話して組合員になったケースが多いと農協ではみている。つまり前述のように元からの非農家である。

農協利用では、貯金95％、感謝の集い（歌謡ショーなど）60％、振込み50％、ハマッ子（直売所）43％、共済40％、生活用品（お茶、味噌など）38％が高く、「利用していない」は2％に過ぎない。「今後の利用」が現在より多い項目としては、料理教室・収穫体験15％、葬祭14％、家庭菜園11％があげられる。「ＪＡ以外金融機関・保険会社を利用する理由」は「店舗が近い」43％が群を抜いている。言い換えれば、農協利用も「店舗が近い」からかもしれない。

「感じているメリット」としては農業・支店・ＪＡまつりの案内・参加66％、次いで「感謝の集い」、貯金額に応じた配当、出資金配当が66％～50％で並んでいる。

「皆さまのお考えやご意見をお聞きする場の設定」では、「特に必要ない」52％、「ホームページでの意見交換」18％（「ホームページをみたことがない」が71％なので、見た人の回答だろう）、「意見交換を定期的に」11％である。「友人知人にＪＡの事業・商品・サービスの利用、准組合員になることを勧めたいですか」に対しては、「是非勧めたい」・「勧めたい」が61％である。

あつぎ農協も２０１６年に同様のアンケートを行った（回答数４２００人、回答率35％）。そこでは「加入のきっかけ」は定期預金の金利24％、「ＪＡあつぎのイメージ」は「身近な金融機関」53％がそれぞれ最多である。「どのような場に参加したいか」では法律・税金・相続の相談会77％、趣味サークル67％、収穫体験62％、ローン・年金の相談会55％、農作業の手伝い、農業塾が各52％と高い。

ぎふ農協は、２０１６年８月に農協に対する正准組合員の期待度評価アンケートを行った。その報道（日本農業新聞２０１６年12月８日）によると、期待度を正准別に５段階評価したもので、准組合員についてみると、４点以上の項目として、食農教育による活性化、相談機能の強化、事業取引を通じて「くらし」の向上、ライフイベントを通じた総合事業サービス、支店活動による活性化である。正組合員の場合には４点以上は「生産資材の仕入れ方法の見直し」のみであるのと対照的である。

以上はランダムな例に過ぎないが、そこから敢えて推測すると、准組合員は元農家（離農者）、農家分家の非農家もいるが、元からの非農家が多数を占める。地域住民主体というわけである。准組合員になったきっかけは職員の勧誘と准組合員のいもづる式勧誘だ。准組合員はあくまで利用本位である。農家は「農家だから農協」になるが、准組合員はそうではなく、あくまで利用するものがあっての農協利用であり、ある意味でより純粋である。

利用で多いのは貯金、イベント、直売所で、共済はやや落ちる。彼ら、彼女らにとって農協とは何よりも「身近な金融機関」であり、他の金融機関を利用する理由も「身近」だからだ。

農水省の改正法附則に基づく准組関連の調査なるものは、「競合機関があるかないか」を調べるようだが、それが問題ではなく、「身近」か否かが問題なのであり、地域密着の農協は、地域住民に対してもその「身近」を確保している点に意義があるのだ。

こういう准組に農協はどう接近するか。ベタベタ近づけばいいというものでもなさそうである。

4　単協の准組合員政策

このように准組合員はあれよあれよという間に増えてしまったが、農協としてはどう扱ったらよいかとまどう存在でもある。とくに准組合員が8割以上にものぼり、事業の准組合員利用への依存度の高い都市農協としては、前述のように准組合員利用規制を導入されたら致命的な打撃を受ける。こういうなかで都市農協から准組合員政策が模索されだした。その例を神奈川にみる。

秦野市農協（組合員1・4万人、うち准組合員79％）

准組合員数が2000年4126名だったのが、2010年に倍になり、2013年に1万人を越え、2016年には1万1112名に達している。同農協では貯金も共済も正組合員よりも准組合員の利用額の方が多くなっている。東京・横浜の近郊に位置し、貯金は通勤農家の退職金が多く、都市部の土地代金とは異なる。

同農協は毎月26日を組合員訪問日とし、職員が正・准の組合員宅を訪問し、面談率は6割に達している。その際に機関紙の配布、集金、購買注文書の回収等を行い、出された質問・意見には後日も含めて必ず回答するようにしている。

今日まで総代会ではなく総会形式を維持しており、総会には准組合員の積極的参加を呼びかけている。21世紀に入り、総会の実出席は正組合員がほぼ1000名に対して准組合員は平均して700名（多い年は1000名で正准半々になる）である。また1700名のうち3～4割は女性だという。

総会前の4月と秋に年2回の座談会を84会場で行っている。座談会は夜7時から開かれるため、勤め人の准組合員は出席できないこともあり、2016年には土曜日に本所で准組合員向けの座談会を設け、90名ほどの出席を得ている。

2015年春の座談会の総出席者数は1300名弱で、男女別では女性が3割を占める。正准別では准組合員が2割程度である。准組合員からの意見は直売所（年商10億円の「じばさんず」）の品ぞろえや鮮度、市民農園等に関することが主だという。

農協組織の土台になるのは集落ごとの生産組合で、122あったが、120に減った。新興住宅地など正組合員がいない地域もでてきて、そこは准組合員に生産組合長代わりの連絡員になってもらう。それが5つほどあり、これをモデルにして増やしていきたいとしている。生産組合は座談会のほか、農機具の整備講習会、忘年会等である。農機具の時は准組合員も考慮して後でＢＢＱパーティをしたりする。活発な生産組合、視察に行く生産組合はほぼ半分である。

准組合員の運営参加については、都市部からは利用高を背景とした参加要求があり、それへの反対もある。現在のところは准組合員理事を選出する方向で整理している。

このように非合併の中規模農協として半制度的な対応を率先して行っているのが特徴である。これが、全員出席の総会制ではなく、総代会制となると、総代選出をどうするか（准組合員も含めるか）等の問題が生じてくるだろう(12)。

横浜農協（組合員6・5万人、うち准組合員81％）

先にアンケート調査についてみた同農協の地域・准組合員向けの事業を紹介する。

准組合員向け情報紙の発行　同組合は組合員向け情報誌「Ａｇｒｉ（アグリ）横浜」を年3回出しているが、2008年から准組向け情報紙「Ａｇｒｉ（アグリ）横浜ぷらす」を年3回出している。正組合員と異なり配布ルートがないため、郵送している。同紙には保存版として「ＪＡ横浜のイベント情報」が折り込まれ、年間の行事予定が案内されている。前述の「感謝の集い」だとか、後述する料理教室、文化講座も紹介されている。先のアンケートによれば「ほぼ読んでいる」54％、「たまに読む」36％で、まあ読まれていると言える。

援農ボランティア　前に紹介したアンケートの一項目としての「農作業のお手伝いをする援農ボランティアについて興味・関心がありますか」に対して、「大いに関心がある」「関心がある」が35％あった。農協ではこれを手掛かりに援農ボランティア活動を開始した。農家の人手不足を補う農作業支援、遊休農地の復旧、災害時ボランティア等を目的として准組合員向け研修を行うもので、1年一期で、合併前の南北の地区に分かれて、圃場研修と農家実地研修を行うもので、現在は北32名、南26名の参加を得ている。取り組む作目はジャガイモ、サツマイモ、落花生、玉ねぎ、大豆等である。北では、圃場研修40回、農家研修37回というからかなりの密度である。農協は密かに参加者をたんなる援農ではなく農業経営そのものの戦力にして、農協が借りた耕作放棄地等の復旧・耕作につなげたいとしている。いわば「准組から正組へ」の活動だ。

地域ふれあい課　同農協は２０１１年に「地域ふれあい課」を新設した。農協を地域に開かれた存在にすること、端的には農協の事業を地域に宣伝することが目的だが、とりあえずの活動として、1階が金融店舗と直売所になっているある支店の2階で料理教室を月6~8回開くことにした。市のソムリエ資格や「浜キッチン」（浜の料理人グループ）のフードコンシェルジュ資格をもつ者に先生になってもらい、農協が事務局を務めるかたちだ。郷土料理を「農家のおかあさんシリーズ」として取り入れ、男性の料理教室も月1回開いている。

２０１６年度からは課の主対象を「地域」から「准組合員」に絞り込み、准組合員向けの料理教室を開くとともに、マンネリ化を防ぐこともあり、「文化講座」をプラスして「布ぞうり作り」を始めている。

准組合員との関係強化対策事業　農協は隔年で支部活動費を参加者一人当たり1万円出す支部活性化事業を行ってきている（年間予算３５００万円）。日帰り旅行が主で、顔合わせの意味ももたせている。

そして2016年度から本事業を開始した。各支店に年10万円出して、「農」と関連づけた准組合員向け事業を行ってもらう。支店では支店長の役割になっているようである。2016年度には50支店のうち48支店とほとんどが取組み、准組合員参加数は4000名強、費用は300万円強である。各支店の取組みは実に様々で、収穫体験、圃場を借りての栽培体験、直売所バスツアー、地元産を使った料理、竹細工、夏休み親子向け企画で、1回の参加は20～30名が多い。

以上、簡単に紹介したが、准組合員を強く意識した取り組みの開始は早く、准組合員のイベント参加を軸に進めており、2016年度から農協「改革」を強く意識して政策対象を「地域」から「准組合員」へシフトさせている。

5　准組合員問題の本質

職能組合化か地域協同組合化か

とくに都市農協は、准組合員が数を占め、その利用が経営基盤になるなかで、経営上の必要に迫られて、既に農協「改革」の以前から准組合員の実態やニーズの把握、農協との接点構築に努めてきたと言える。それが農協「改革」を機により明確化した。しかし取り組みつつも戸惑いがあるのも事実である。それは農協の進むべき道との関連である。

職能組合化の道をとるのであれば、前述の農水省見解のように、「正組合員が准組合員の存在をどうみるか」、ひいては「正組合員にとって准組合員は必要か」という、あくまで事業の「顧客」、収益源としての准組合員という問題の立て方になる。

それに対してＪＡ全国大会のように「食と農を基軸として地域に根ざす協同組合」すなわち地域協同組合化をめざすのであれば、准組合員の正組合員化の方向をめざすことになる。

しかし、そういう建前論で押していくことが必ずしも説得性をもつわけではなく、多くの正組合員の気持ちに合致し、直ちに産地農協まで一致した路線となるとはいえない。

現実との関連でそういう迷いがあるのは当然であり、農協「改革」のようにその現実を職能組合化一本に絞り込もうとするところに無理がある。まずは多様な道筋を認めたうえで、実践と話し合いの中で組合員自身が決めていく問題である。

准組合員制度の意義

准組合員制度の存在には二つの意義がある。

一つは、戦前の産業組合以来の日本の現実に根ざすものである。それは日本の総合農協としての事業展開と重なる。日本の農業経営は「農家」として生産と生活が一体化し、兼業農家が多く、農家と非農家の間が連続的であり、狭い国土で農家と地域住民が著しく混住的に生活してきた。それに対応した総合農協としての事業展開は、農家の生活ニーズに即した面では地域住民の生活ニーズにも応えるものである。

二つは、グローバル化時代の新たな「公共性」（みんなのため）に対応するものである。すなわち農業者のみならず地域住民の生活やニーズに即したものであるならば、それへのアクセスは制限されるべきでなく、地域に公開（open）される必要がある。つまり総合農協の事業展開は公共性をもち、その利用規制は公共性に反することになる(13)。

ＩＣＡの協同組合アイデンティティの第1原則は、「協同組合は、そのサービスを利用することができ、組合員としての責任を受け入れる意思のあるすべての人々に開かれている（open to all persons）」とし、第7原則が「地域社会（コミュニティ）への寄与」を掲げたのは、協同組合がグローバル化の時代の公共的組織たらんとする意思を示したものといえる。

メンバーシップ制としての協同組合は、そもそもは組合員の共益性を追求する組織であり、農業については農業者の協同組織だったといえる。そこに戻れと言うのが農協「改革」の建前的趣旨であるが、現代の協同組合はそのような階層的共益性の追求組織であるとともに、階層性にとらわれない公共的組織たることを求められている。そのような観点からは、日本の総合農協の展開、准組合員制度は先駆的なものと位置付けることができる。

農協の今日的課題

しかし現実には特定階層の利益追求と公共的な（みんなの）利益追求とは矛盾する。とすればそのバランスをとっていくことが現代の協同組合、とくに農協には求められる。いずれかに重点をおき、他は切り捨てるべきというのが農協「改革」の狙いだが、そうではなくバランスをとることが課題である。

とすれば、組合員等への調査においても、「正組合員が准組合員をどう見るか」「正組合員にとって准組合員は必要か」という調査課題の立て方ではなく、准組合員の事業利用が正組合員向けの農業事業の展開を妨げていないか、言い換えれば、准組合員の存在やその事業利用が正組合員にどれだけプラスになっているかを明らかにする調査が求められる。

准組合員利用を制限することで「農業所得の増大」を図ろうとしても、都市農協としては都市農業それ自体の限界があり、「農業所得の増大」の余地がより多くある産地農協においては准組合員利用は相対的に少なく、その利用制限の農業所得増大効果が高いとは言えない。農協「改革」は、准組合利用規制がより厳しく作用する都市農協と、「農業所得の増大」余地を持つ産地農協という異なる地域存在を一緒くたにして、「准組合員利用規制→農業所得の増大」という短絡的テーゼを打ち出したが、それぞれの立地条件にふさわしい農協のあり方を模索することが大切であり、准組合員の位置づけもそれによって定まると言える。

Ⅱ　剰余金処分のあり方

1　剰余金と出資配当の論理

問題の経緯

前述のように規制改革会議は「農業者に最大の利益を還元」、「適切なリスクをとりながらリターンを大きくしていくこと」とし、「利益を上げ、組合員への還元と将来への投資に充てていくべきことを明確化するために法律上の措置を講じる」とした。それが改正農協法に取り入れられたところである。すなわち旧法の第８条「組合は、その行う事業によってその組合員及び会員のために最大の奉仕をすることを目的とし、営利を目的としてその事業を行ってはならない」の、前半の「最大の奉仕」は改正法７

条の第1項として残したが、後半の「営利を目的としてその事業を行ってはならない」（いわゆる「非営利規定」）は削除した。さらに第2項として「農業所得の増大に最大限の配慮」とし、第3項として「組合は、農畜産物の販売その他の事業において、事業の的確な遂行により高い収益性を実現し、事業から生じた収益をもって、経営の健全性を確保しつつ事業の成長発展を図るための投資又は事業利用分量配当に充てるよう努めなければならない」を加えた。

この背景には規制改革会議のみならず、「改革」を担当する農林官僚の強い思い入れがあった。当時の奥原経営局長（現・次官）は、国会で「農協が稼いで農家に還元せよということだけれども、これは農協法に定める非営利規定に抵触するのではないか」という農協経営者の発言を紹介し、そういう「誤解」を解くために非営利規定を外したと答弁している(14)。彼は以前から「非営利とは儲けてはいけないということだと理解している人が多い。……出資配当なら株式会社と同じであり、この部分は必ず法改正したい」としており(15)、先の発言の紹介もまた自らの持論を裏付けるために利用したものといえる。

ここには三つの問題がある。第一は、「高い収益性の実現」の仕方である。第二は、そもそも協同組合とは「高い収益性を実現」することを目的とするものなのか、第三は、「事業から生じた収益」の組合員還元の方法を事業利用分量配当に限定することは妥当か、である。三者は密接に絡むが、この順に検討していく。

高い収益性の実現方法

法は「農畜産物の販売その他の事業において、事業の的確な遂行により高い収益性を実現」としている。現在の農協共販は委託販売を主流とし手数料収入を得ている。そこで農協はどうしたら「高い収益性」を実現できるか。手数料率を引き上げたのでは「組合員に最大の奉仕」「農業所得の増大」にはならないとすれば、取扱量の増大と高値販売であり、従来と変わらなくなる。

それに対して「事業の的確な遂行」という文言の挿入は、規制改革会議のいう「買取販売を数値目標を定めて段階的に拡大」等の販売方法の転換を指すものと思われる。そのことは前章でみたように規制改革推進会議が全農に全量買取販売への移行を求めていることからも頷ける。確かに買取販売の方が「収益性」という言葉にはなじむ。しかし、買取方式を一定程度取り入れることは必要だとしても、それが主流になると共販組織としての農協と言うよりも、産地集荷問屋的なものになりかねない。また傷みやすい生鮮品等の買取販売は農協が一方的にリスクをとることになりかねない。「高い収益性」の実現にはそういう危険性が付きまとう。

収益か剰余か

協同組合も市場社会における事業体である以上、「損益計算書」を作成し、総（代）会の承認を受ける。計算書の仕組みは一般企業も協同組合も変わらない。売上高から経費が差し引かれ経常利益が計算される。経常利益から法人税等が差し引かれ最終的な結果が示される。それは一般企業では「当期純利益」だが、協同組合では「当期剰余金」となり、その使途が「剰余金処分案」として示される。その限りでは「純収益」と「剰余」は言葉の違いに過ぎないともいえそうである。

しかしそれは協同組合にも商法や会社法にのっとった企業会計の論理が適用されているからであり、「収益」と「剰余金」の思想は全く異なる。

営利企業にとっては、「高い収益性を実現する」こと、すなわち「純利益」は目的であり、そのためにはなるべく高く売り、コストを最小限に抑え、期末にどれだけの「純収益」を残すかが課題になる（「目的としての純利益」）。

それに対して協同組合は、「その行う事業によってその組合員及び会員のために最大の奉仕をすることを目的」とする。つまり期中にどれだけ営農支援や生活支援のために「最大の奉仕」をするかが目的であり、そのための支出はコストに計上され、このような奉仕の後になお残るものが「剰余」である（「結果としての剰余」）[16]。企業である以上、赤字をだしたら「ゴーイング　コンサーン」（継続企業）たりえないが、剰余を多くすること自体が目的ではない。

新法は、前述のように、旧法の「最大の奉仕」に加えて、「農業所得の増大に最大限の配慮」「事業の的確な遂行により高い収益性を実現し、事業から生じた収益をもって……投資又は事業利用分量配当に充てる」を付加した。その解釈は、ⓐ「組合員への最大の奉仕」＝「高い収益からの事業利用分量配当」ととるか、あるいはⓑ「組合員への最大の奉仕」と「高い収益性」の追求という二つの目的の併存ととるかに分かれる。

ⓐ解釈は、「高い収益性の実現」という意味では結局のところ営利企業と変わらなくなる。ⓑ解釈では、２つの目的は背離しないかが問われる。たとえば、農協としては、期中における組合員の自然災害

の被害に手当てする、畜産危機に対して飼料の手数料を下げる、米価下落をカバーする、あるいは前項で見た種々の准組合員対策をとるといった支出は「組合員への最大の奉仕」ではあるが、期末の純収益を確保する観点からは、純収益を減らすコスト支出になる。だから二つの目的は背反する可能性がある。

多くの農協が総合ポイント制を採用するようになった。ポイントカードは顧客のリピーターとしての囲い込み手法ともいえるが、今日では消費者にも好まれ、広く普及している方法でもある。農協においても直売所でも使えるポイントカードなどは、正組合員、准組合員、員外を問わず等しく恩恵を受けられるシステムだといえる。その原資は、期中における支出なので当然にコストに算入され、厳密には「剰余」ではないが、その先取り、いわば「期中還元」ともいえる。しかし改正法の観点からはあくまでコストであり、そういう期中還元をするよりも期末に事業利用分量配当として還元すべきということになろう。

結論的に言って、「組合員への最大の奉仕」という目的には、それを追求したうえでの結果としての「剰余」という概念がなじむが、「高い収益性を実現」はそれを純粋に追及すれば「組合員への最大の奉仕」と齟齬をきたしかねない。要するに改正法第7条の1項（組合員への奉仕）と3項（高い収益性を実現）はなじまない。2項の「農業所得の増大に最大限の配慮」が両項をつないでいるという解釈も成り立つが、農協は本来、正組合員の農業のみならず生活、そして准組合員や農村社会の利益を追求するものであり、「農業所得の増大」を優先する2項はそれを歪めるものといえる。

事業利用分量配当と出資配当

次の問題は、改正法の7条3項が事業利用分量配当のみをあげている点である。先の局長によれば、旧法の非営利規定の趣旨は、「株式会社のように出資配当を目的として事業を行ってはならない」ということであり、それは法52条2項の出資配当利子についての上限設定に具体化されているという（今回は52条の改正はなし）。「この営利を目的として事業を行ってはいけないというのは、出資配当を目的として仕事をしてはいけないという、これだけの意味でございます。これ、法律の解釈としては間違いなくそういうことでございまして」と言い切っている[17]。

確かに「非営利」の具体的な意味は出資配当制限であるという法解釈は通説と言える。しかしこの利率上限は、原資農協法では「年五分以内」、高度成長期の1962年改正で「年八分以内」、（施行令で単協については「年七分以内」）とされたものである[18]。五分なり八分という上限利率は、恐らく当時の定期金利等の上限に当たる。つまり52条は、市場金利を上回るような出資配当は協同組合にふさわしくないものとして禁じたまでで、その範囲内での出資配当については、法52条は事業利用分量配当と出資配当は「又は」という形で並列的に扱っている。

しかるに、改正法7条3項の規定は事業利用分量配当のみに言及し、出資配当を無視している。にもかかわらず52条の出資配当の上限規定を残すことは、出資配当を事業利用分量配当と対等に扱うというより、制限的・否定的に扱うものと言える。

その意図は、提案者によれば、①農業所得の増大につながる、②株式会社との違いを明確にする、ということであった。そこで問題は、①については、出資配当を無視・軽視し、事業利用分量配当に比重を置くことが、果たして「農業所得の増大」すなわち正組合員利益につながるのか、②については出資配当を無視・軽視することが株式会社との種差を鮮明にすることになるのか、である。

①について次項で実態に即して検討するので、ここでは②について検討する。確かに出資配当の最大化を目的とするのであれば、それは株式会社と変わらないことになる。「出資配当を目的として仕事をしてはいけない」というのはその通りである。

しかし他方で、市場社会においては、配分利益が存在するのに出資金に対する平均的な利払いをしないのは（不妊化）、出資金の不当な扱い、さらには出資金の事実上の収奪（ＴＰＰにおける「間接収用」！）に等しく、市場倫理に反し、協同組合が他の企業形態と競争して資金確保するうえで不利になる。そこで法においても市場金利の上限を超えるような（その意味で暴利をむさぼるような）出資配当は禁じたものの、通常の金利の範囲内での出資配当を容認したものと思われる。

日本の協同組合法はヨーロッパのような「出資のみの組合員」を認めておらず、出資配当を目的化することは許されていない。しかし協同組合が社会主義ではなく市場社会を前提としている以上、黙示的に出資配当を否定する改正法７条の規定は、市場社会の法というよりは国家社会主義的なものと言える(19)。

２　統計に見る剰余金処分の実態

改正法は、出資配当は、たんに農協に出資しているだけで、農協の農業事業を利用しない者にも帰属し、准組合員を利するものであり、それに対して事業利用分量配当は正組合員の利益になると前提してかかっている節がある。しかし実態面から果たしてそういえるか。そこで正准組合員比率、その出資割合等との関連で、剰余金処分の実態をみることにしたい。まずは総合農協統計表からみていく。

准組合員の比重

剰余金配分が誰に帰属するのかをみる前提として、まず准組合員の比重をみておく。広域合併という形で農協再編のただなかにあった1995年には、全組合員に占める准組合員の比重は39・2%だった。それが2000年には42・4%になり、2006年には47・0%になった。この年から出資割合も知ることができるが、当年における准組合員のそれは18・7%だった。それが2013年には組合員に占める割合は55・0%、出資割合は22・0%である。2006年から2013年にかけて准組合員割合は8ポイント増に対して、出資割合は3・3ポイント増だが、准組の組合員割合で出資割合を割ると、両年とも40%弱で大差ない。

地域別の状況をみたのが表2－1である。ここで4つのタイプを析出できる。

ⓐ北海道……准組合員割合は高いがその出資割合は全国最低クラス
ⓑ沖縄……准組合員割合よりもその出資割合の方が高い
ⓒ東京、神奈川、静岡、愛知、岐阜、滋賀、大阪、福岡……准組合員割合もその出資割合も高い
ⓓ東北、北陸、中四国、九州（福岡を除く）……ともに低い

ⓐは准組合員の構成比の高いことで注目されているが、出資割合は決してそうではなことが分かる。ⓑは島しょ部等をかかえる遠隔地にあって農協の存在が准組合員、地域住民にとっていかに切実なもの

かを如実に示唆する。ⓒとⓓは対照的な位置に立つ。

剰余金処分の推移

剰余金処分の推移を見たのが表２－２である。節目になる年次のみを表示した。これによると今日では、剰余金のうち５・８％が出資配当、４・１％が事業分量配当に充てられている。約１割が配当に回っており、他は利益準備金、任意積立金に６割弱、次期繰越しが３分の１となる。

このうち利益準備金は法定であり、１９９５年の18・5％から２０１３年の10・９％まで一貫して下がっている。その他については１９９０年代後半、２０００年代、２０１０年代に分けてみると、まず90年代後半には、任

表 2-1　准組合員の割合とその出資割合、事業利用分量配当実施単協の割合

単位：%

	准組合員	その出資	事業利用分量配当実施組合
全国	55.0	22.0	33.4
北海道	80.3	14.2	75.2
東北	37.6	7.1	17.9
関東	55.1	21.9	31.7
埼玉	56.9	20.2	42.9
東京	67.3	43.5	85.7
神奈川	79.3	30.7	64.3
静岡	65.8	34.9	11.1
北陸	47.4	13.3	36.1
東海	61.2	31.6	20.5
愛知	68.8	31.4	30.0
岐阜	58.0	36.9	—
近畿	62.1	39.1	27.1
滋賀	60.8	36.3	50.0
大阪	80.8	59.6	7.1
中四国	53.2	24.2	18.0
九州	55.8	19.6	29.3
福岡	63.1	39.2	20.0
宮崎	61.6	11.5	53.9
沖縄	59.6	61.0	100.0

注：「平成 25 事業年度　総合農協統計表」による。

意積立金および次期繰り越しのウエイトが高まり、配当金の割合は併せて23％から13％まで10ポイントも下がっている。

配当では出資配当より事業利用分量配当の低下が大きい。また事業利用分量配当を行う農協の割合は39％から30％にまで下がっている。この間に広域合併が進み、単協数が半減しているが、合併農協は配当に回す分を減らし、経営基盤の強化に努めたといえる。

２０００年代には、利益準備金が減った分、次期繰越額が増えているほかは大きな変化はなかった。事業利用分量配当組合の割合は07年にかけて32％まで増えるが、その後は停滞している。配当のウエイトも微減している。

２０１０年代には、任意積立金の割合が増え、次期繰越金が減っている。配当の割合は微減しているが、事業利用分量配当組合の割合は微増している。

以上から、利益準備金と配当金の割合の減少、任意積立金と次期繰越の増大が一貫しているといえる。事業利用分量配当をする組合数は21世紀には微増しているが、事業利用分量配当金の割合は微減している。

農協は、農協「改革」の以前から、改正農協法7条の言葉で言えば、

表 2-2　剰余金処分の構成と事業利用分量配当実施組合の割合

単位：%

	利益準備金	任意積立金	出資配当	事業利用分量配当	次期繰越	事業利用分量配当組合割合
1995	18.5	34.3	11.9	11.4	23.9	38.6
2001	16.1	41.7	7.3	5.6	29.4	29.6
2007	14.2	42.5	6.4	4.6	32.4	32.0
2010	12.0	42.0	6.4	4.3	35.5	31.4
2013	10.9	46.9	5.8	4.1	32.3	33.4

注：表 2-1 に同じ。

「投資又は事業利用分量配当に充てるよう努めなければならない」のうち、広義の投資資金に振り向ける努力を既に実践してきている。また事業利用分量配当か出資配当かと言っても、それは剰余金の、敢えて言えば高々１割の範囲での選択に過ぎないといえる。

事業利用分量配当組合の地域性

表２−１にもどって、事業分量配当を行っている組合の割合が高いのは、北海道、埼玉、東京、神奈川、滋賀、宮崎、沖縄（県１農協）である。北陸も平均を上回り、富山と石川が40％強である。

北海道と宮崎は、准組合員比率は高いが、その出資割合は低く、事業利用分量配当県の割合は高い。すなわち純農業地帯の産地県（道）の動向だといえる。しかし同じ産地県でも例えば鹿児島等は低く、産地県の全てがそうだというわけではない。

埼玉、東京、神奈川、滋賀は准組合員比率とその出資割合が高く（埼玉は出資割合は平均以下）、大都市とその近郊圏であることが特徴だが、同様に准組合員の比率が高い静岡、愛知、岐阜、大阪、福岡は必ずしも事業利用分量配当県の割合が高いわけではない。

要するに、事業利用分量配当県の割合は産地県と大都市・近郊圏の両極で高いが、農協の主体的な政策選択に左右されるので、例外も多い。逆に以上の二つの地域以外のところで事業利用分量配当割合が高い県はみあたらない。

3　単協にみる経常収支と剰余金処分

問題は、経常収支がどのような事業展開によりもたらされ、それが剰余金処分にどうつながっていくかであり、それは単協レベルに下りないと把握できない。そこで単協の2016年度総（代）会資料（2015年度実績）を事例的に見る（表2―3）。

部門別経常収支の状況

対象農協のうち、農業・生活部門とも黒字の農協が7農協、生活部門は赤字だが、農業部門は黒字が5農協である。これらの農協は、北海道、東北、九州にほぼ限定される。表2―3でそれらの事例がほぼ半数を占めるのは、極めて優秀な産地農協をピックアップした結果だといえる。

しかし営農指導部門の赤字を農業部門の黒字でカバーできるのは、A、F、J、T、Wの5農協に限られる。対象を全府県農協に拡げても、この数はそうは増えないだろう。

これらの産地農協では、信用部門より共済部門の黒字の方が大きい農協が概して多い。大都市圏以外の他の農協も同様の傾向である。

他方で、大都市圏、大都市近郊圏のいわゆる都市農協は、農業部門、生活部門ともに赤字だが、営農指導部門の赤字幅もそう大きくはなく、信用部門の経常利益が100%を超えて大きい。主として信用部門に支えられた農協経営といえる。

要するに、信用事業に支えられた都市農協、農業部門の自賄い度はそれなりに高いが共済事業が支え

表 2-3　単協の准組合員、部門別経常利益、剰余金処分の割合

単位:人、%、百万円

		組合員数		出資額		経常利益の構成						剰余金処分の構成				
		総数	准組割合	総額	准組割合	総額	信用	共済	農業	生活	営農指導	総額	積立金等	出資配当（利率）	利用配当	次期繰越
A	北海道（畑作）	11,562	93.3	2,272	22.8	783	27.9	16.6	40.6	24.5	▲9.5	754	81.3	3.0（3.0）	15.0	8.7
B	北海道（水田）	8,314	81.4	3,444	21.2	867	46.9	42.4	60.2	20.6	▲70.1	330	60.3	4.9（0.5）	24.9	9.9
C	北海道（田畑）	5,160	81.1	1,462	17.9	145	75.3	58.3	51.9	▲5.8	▲79.7	135	77.5	6.2（0.6）	4.2	13.1
D	東北	41,841	45.3	10,166	5.9	1,252	38.2	35.4	79.8	▲13.3	▲40.1	1055	85.3	9.5（1.0）	—	5.2
E	東北	17,397	39.5	3,812	5.9	440	65.6	53.0	25.2	▲2.1	▲41.7	720	69.0	7.9（1.5）	—	23.2
F	東北	17,816	42.7	7,075	4.9	775	9.9	35.6	92.5	14.2	▲54.6	651	62.4	16.1（1.5）	21.6	15.3
G	東北	19,028	32.8	4,461	2.8	154	104.9	240.1	53.6	▲69.3	▲229.4	325	43.1	13.5（1.0）	—	43.5
H	東北	17,566	48.1	4,410	6.0	1,134	87.2	40.1	0.2	11.1	▲38.6	1,350	87.1	6.4（2.0）	—	6.5
I	北陸	41,105	54.8	8,121	19.4	239	169.6	259.9	▲54.6	4.3	▲279.3	287	33.5	20.4（0.73）	—	46.1
J	北関東	20,332	21.6	3,520	8.1	1,070	59.9	38.8	43.0	▲2.2	▲39.6	967	72.6	7.2（2.0）	—	20.2
K	首都圏	20,536	64.1	2,741	33.0	828	130.1	26.7	▲18.7	▲4.1	▲34.0	1,801	50.7	3.0（3.0）	9.9	36.4
L	首都圏	27,307	88.2	1,915	42.2	1,792	105.4	26.4	▲25.6	16.1	▲22.4	1,820	47.8	4.1（4.0）	18.1	30.0
M	首都圏	65,289	81.1	12,534	19.2	5,137	127.5	35.4	▲18.7	▲28.0	▲16.2	6,040	46.4	10.3（5.0）	10.4	32.9
N	首都圏（都市近郊）	14,084	78.9	1,803	36.2	636	114.8	31.0	▲13.3	▲13.3	▲19.2	904	40.0	6.0（3.0）	10.0	44.0
O	長野	32,126	29.2	6,238	10.7	811	83.5	66.9	▲13.2	19.3	▲56.6	842	70.1	3.0（0.4）	7.1	19.8
P	長野（中山間）	29,031	41.6	4,569	11.3	831	67.9	57.6	▲5.1	40.0	▲60.4	872	69.3	6.6（1.25）	—	24.1
Q	東海	64,834	77.9	1,816	29.2	2,079	99.1	47.7	▲27.1	▲11.2	▲8.5	2,529	73.9	3.6（5.0）	—	22.5
R	近畿	118,560	73.2	5,825	38.8	2,298	127.2	40.9	▲18.8	▲18.0	▲31.3	2,452	68.5	7.0（3.0）	—	24.5
S	中国（中山間）	19,774	37.2	1,922	10.3	297	114.9	133.7	▲57.8	▲49.2	▲41.7	279	68.3	6.8（1.0）	6.9	18.0
T	北九州	17,106	65.4		14.7	256	24.0	59.4	117.2	▲6.2	▲94.3	260	76.9	7.6（1.0）	—	15.5
U	北九州	27,452	57.6		27.8	752	48.9	97.2	26.3	5.4	▲77.8	398	65.4	9.0（1.0）	—	25.6
V	南九州	19,524	55.8	3,453	12.9	580	59.6	55.7	38.6	20.5	▲74.3	531	80.0	6.2（1.0）	8.2	5.6
W	南九州	13,815	34.6	3,651	3.5	430	62.9	7.4	114.7	19.4	▲104.3	291	75.2	17.6（1.5）	—	7.2
Z	沖縄	132,912	62.1	14,641	61.4	2,969	76.3	26.3	▲12.2	56.7	▲47.1	2,845	78.1	7.5（1.0）	6.7	7.7

注1．各単協の2016年度総（代）会資料による。
　2．「利用配当」は事業利用分量配当のこと。出資配当の（　）内は利率。
　3．出資総額の空欄は金額に関する記載なし。

になっている産地農協、同じく主として共済事業に支えられたその他地域の農協と分けられる。

以上から、今回の農協「改革」における准組合員利用規制はとくに都市農協を狙い撃ちするものだといえる。都市農協の組合員における農業所得の比重は相対的に低いから、いくら准組合員利用規制をしても、それは都市農協を市中銀行等の餌食にするだけで、改正法がうたう「農業所得の増大」にはあまり寄与しない。

剰余金処分の実態

前述のように剰余金の9割は利益準備金、任意積立金、次期繰越に充当されるので、その点で大きな差がでるわけではない。差は、①出資配当利率、②事業利用分量配当の有無とその基準、③任意積立金の種類、に出る。

出資配当利率　明確な地域差がある。北海道、東北、北陸、九州、沖縄ではほぼ1％である。例外的にはHの2％やIの0・73％がある。真相は不明だが、ほぼ地域ごとの相場観があるのではないだろうか。

それに対して大都市とその近郊では3～5％である（Jは2％）。この原資は前述のように信用事業収益に拠るところが大きい。5％という高率は合併記念等の特別の年であり、普通年は3％程度になる。

事業利用分量配当　先に統計面で確認したことだが、産地県（道）の北海道と九州・沖縄、大都市・近郊圏の一部の単協が行っている。その例外として、東北のF、長野のO、中国のSがある。それを除ければ産地県である東北、九州でも取り組みは見られない。前述のように事業利用分量配当は単協の意識的な取組みであり、それがこのような結果を生んだといえる。事業利用分量配当を行っている単協は、事業利用分量配当総額≧出資配当総額、である（イコール、ニアイコールはM、S）。

問題は、何を基準とした配当かである。順次、項目のみ紹介していきたい（表２－４）。

産地県（道）のA、Zは信用事業、購買事業、販売事業の取引額を基準としており（Aは貯金を含まずZは共済を含まない）。都市農協では貯金、貸出金利息に集中し、Kは共済を含む。

その他で注目されるのは、Fは米価が下落した２０１４年には出資配当を取りやめ、事業利用分量配当として米１俵50円に集中したが、米価が多少回復した２０１５年度は出資配当に復している。Oは地方都市近郊と農業地域の特色に基づいて信用、共済、販売に着目しており、Sはアンテナショップ等に力を入れている中山間地域農協の取組みであり、信用事業にはリンクさせていない。

表2-4　各農協の事業利用分量配当額の算定基準

A	貸付金利息、共済掛金、豆類出荷量、肥料・飼料・農薬購買額
C	営農貯金、長期共済新契約、トラクター共済
F	米、リンゴ、園芸、畜産、生産資材、飼料、灯油、長期共済保有高
K	貯金残高、貸出金利、長期共済保有高
L	貯金、貸出金残高
M	定期貯金、定期積金、譲渡性貯金
N	定期貯金、普通貯金、積金
O	貯金残高、貸出金利、長期共済満期額、販売額
R	米１袋50円、アンテナショップ利用額、肥料・農薬・飼料予約額
V	予約購買品、特産野菜、当用購買品、子牛、生乳、肉豚、加工甘藷、茶、枝肉、米、燃料、LPG等
Z	貯金残額、貸出金利、資材購入額、園芸・畜産販売額

要するに事業利用分量配当への取組みは、一部の産地農協の信用事業と農業事業を基準にした支援、厳しい金融競争のなかにある都市農協の金利上乗せによる信用（金融）上の競争力強化、に尽きる。

正組合員に対しては配当の一部または全部の出資金への組み入れをお願いしている農協が多い。

任意積立金 剰余金処分の最大金額を占めるという意味では、任意積立金のあり方こそが最も重視されるべきだが、本項ではテーマとの関係で省略する。共通項目として多いのは、各種の事業基盤整備、施設投資準備、金融等のリスク対策、農林年金問題への備え、災害対策等であるが、TPP対策、教育、健康福祉もみられる。

まとめ

第一に、単協ヒアリングで共通して指摘されることは、農協は期中にいかに組合員に奉仕するかを第一義としており、剰余金を多く残すことが狙いではない、ということである。もちろん赤字にはできないし、最低限の出資配当をする必要はあるが、事業利用分量配当相当のものは、むしろ期中における組合員サービスに充てるべきと考えられている。「剰余」を「収益」に置き換えて、それがゴールであるかの改正法の文言は協同組合とは何かの本旨から外れ、協同組合の営利企業的理解をもたらすものといえる。

第二に、農協「改革」や農協法改正は、剰余金を農業投資ファンドと購販売事業量を基準とした事業利用分量配当に充てれば、正組合員（農業者）の所得増につながるという論理にたっているようである。

しかし本項で明らかにしたように、准組合員の割合と准組合員の出資割合の間には大きな開きがある。その典型は北海道で、北海道は准組合員比率の高さで注目されたが、出資割合という点では低い。それは農業者の多大の出資に支えられた農協運営の結果でもあろうが、ともあれ出資割合としては低い。それらの点に鑑みれば、出資額に応じた出資配当をすることは、必ずしも正組合員の利益に反するわけではないといえる。

ただし大都市およびその近郊の農協にあっては、准組合員の割合が高いだけでなく、その出資割合も相当程度に及んでいる。その意味では出資配当の利益は准組合員にも均霑することになる。

第三に、法が肩入れする事業利用分量配当は、その現状をみれば、産地県（道）や産地農協の事例はわずかであり、現実の事業利用分量配当は都市農協に集中している。そこでは配当の基準に貯金、貸付金利子等が採られ、金融競争激化地帯における事実上の金利上乗せとして機能している。このような実態に即する限り、事業利用分量配当の一面的な強調は、その農業所得向上という狙いと必ずしも一致しないといえる。

第四に、農協「改革」は、准組合員利用規制を強めつつ、農業関連事業利用を基準とした事業利用分量配当で職能組合としての実を挙げようとしている。しかし以上から言えることは、准組合員利用を規制しても、それは都市農協の営業を妨害する結果になり、都市農協では農業のウエイトが産地農協ほど高くないとすれば、そのことをもって日本の農業の「農業所得の増大」に大いに寄与するとは言えない。

問題は産地県に対する准組合員利用規制の影響であるが、一部の優秀な農協を除き、表２−３にみるように、信用・共済事業で農業・営農指導事業の赤字をカバーしている現状をより困難にする結果を生むだけで、これまた「農業所得の増大」に寄与するものとは言えない。

最後に、事業利用分量配当は「利用高割り戻し」として協同組合本来のあり方だが、改正法は、この、それ自体は正しい命題を一面的に強調し過ぎた。そもそも剰余金処分のあり方は出資配当利子の制限の範囲内で単協のポリシーにゆだねられるべき事項で、法律をもってあれこれ方向付けるべきではない。

剰余金処分のあり方をめぐり、どのような目的でどれくらいを積み立てにあて、どれくらいを次期繰越とし、出資配当利子をどのくらいにするか。そもそも事業利用分量配当を行うか、行う場合に何を基準にするか、総合ポイント制との兼ね合いをどうするかという農協の剰余金処分ポリシーについて、組合員同士が、とくに正組合員と准組合員が本音で熟議をこらすことは、組合員の農協への主体的な関わりを強め、農協運営への理解を深めるうえで、もっと取り組まれてよい課題である。

注

(1)鈴木博「都市農協問題と『地域』協同組合論」斎藤仁編『昭和後期農業問題論集 20 農業協同組合論』1973年。
(2)小倉武一・打越顕太郎編『農協法の成立過程』協同組合経営研究所、1961年、667頁。
(3)小倉武一・打越顕太郎編著、前掲、第1部。
(4)拙編著『協同組合としての農協』筑波書房、2009年、第10章(拙稿)。
(5)衆院農水委では「准組合員の利用の在り方の検討に当たっては……地域のための重要なインフラとし

て農協が果たしている役割を十分に踏まえること」の付帯決議がなされた。

(6) なぜ議決権が与えられなかったかについては、(寄生) 地主による組合支配の恐れを取り除くためだったという説がある（鈴木・前掲論文、３０３頁）。

(7) 4分の1については、次のような経験がある。①原始農協法は「非農民的支配の排除の観点から、理事の定数の4分の3以上は農民たる正組合員でなければならないとした」(明田作『農業協同組合法』経済法令研究会、２０１０年、42頁)。言い換えれば4分の1未満であれば准組合員も理事になれる。②２００３年改正前の農地法による農業生産法人の農業関係者以外の構成員の議決権は4分の1以下。③カナダ・ケベック州の農協は准組合員の投票権を4分の1以下、理事会メンバーの4分の1以下まで認めている。斉藤由理子「准組合員にかかる二つの論点と海外の農協の事例」農文協『農協准組合員制度の大義』２０１５年。

(8) 愛媛県のおちいまばり農協は、准組合員女性と青年農業者を一名ずつ経営管理委員に登用することとした。また14地区別の地区検討委員会に准組合員を一名ずつ追加している（日本農業新聞２０１５年6月26日）。

(9) 京都にのくに農協では定款改定で准組総代の枠65名を設置、総代会には38名が出席したと報道されている。新世紀ＪＡ研究会における迫沼満壽専務報告（農業協同組合新聞２０１７年2月14日）。

(10) 坂下明彦他『総合農協のレーゾンデートル』(前掲) Ｖ－1。

(11) 小林元「准組合員『問題』の所在に関する検討」『農業・農協問題研究』61号、２０１６年。

(12) 宮永均（秦野市農協専務）「地域に開かれた農協活動」農文協『農協准組合員制度の大義』(前掲) および筆者ヒアリングによる。

(13) 拙著『農協・農委「解体」攻撃をめぐる7つの論点』前掲、3。

(14) ２０１５年6月9日衆議院農林水産委員会。

(15)農水省「農協改革ブロック説明会（関東）」２０１4年7月9日。
(16)会社法でも商法改正に伴い「剰余金の配当」が重要な概念として登場したが、協同組合の「剰余」概念はそれ以前からのものである。
(17)参議院農林水産委員会２０１５年８月20日。新農協監督指針も非営利規定は「削除されたが、出資配当に上限を設けた法52条第２項の規定は引き続き維持されており、株式会社のように出資配当を目的として事業を行ってはならないという組合の性格については、平成27年改正法の前後で何ら変更はない」としている。
(18)原始農協法では年5分以内、１９６２年改正で現行に改められた（明田作『農業協同組合法』（前掲）５０7頁）。このような経緯に鑑みれば、農協法を改正するのであれば、ゼロ金利時代にこの利率自体をいじるべきであった。
(19)このような指摘に対して、法は出資配当を無視していないという反論が当然に返ってくるだろう。ならば、なぜ7条3項において事業利用分量配当のみに言及したのか、その理由を聞きたい。

第3章　ＴＰＰからポストＴＰＰへ

はじめに

ＴＰＰはアメリカを先頭に果敢に追及されてきたが[1]、後は各国の批准をまつばかりという最終局面でアメリカ大統領選における各候補の「反対」にあい、トランプ新大統領の永久離脱宣言により事実上潰えることになった。トランプは二国間交渉に切り替えるとしているが、今後の通商交渉がどうなるかは、これまでの交渉過程とそこでの負の遺産を踏まえつつ（第Ⅰ節）、トランプ政権の性格とその世界史的位置を確かめるなかでしか見通せない。問われているのは日本の進路そのものである（第Ⅱ節）。最後にＴＰＰ後遺症の中での日本農業・農政の課題を考える（第Ⅲ節）。

本章は、第Ⅱ節2を除き大統領選前に書いたものを基本とし、その後の捕捉は注記やカッコ書きにとどめたので、話が多少前後する可能性がある。

Ⅰ　ＴＰＰの軌跡

１　ＴＰＰへの道

日米ＦＴＡの提起

ＴＰＰへの道のりについては既にいくつかの著書が出されているが(2)、日本にとってのＴＰＰは、歴史的に見ても、バイ（二国間）の日米ＦＴＡとマルチ（多国間）のＴＰＰの二重過程として把握する必要がある。

ＴＰＰはまず日米バイの交渉打診から始まった。アメリカは、１９８８年の竹下首相の訪米に際して、米日ＦＴＡの意向を高官レベルで打診している。そこでアメリカが取り上げようとした分野は１９８９年からの日米構造障害協議と全く同一だった(3)。つまり折からの日米経済摩擦の一挙解決として、米日ＦＴＡを狙ったわけである。１９８９年といえば米カナダＦＴＡの発効の年でもあり、アメリカはＵＲとともにバイでのＦＴＡを日本に対しても摸索しており、その伏流水が後にＴＰＰにおける日米二国間交渉となったといえる(4)。

アメリカのリバランス戦略とＴＰＰ

それに対してＴＰＰそのものの原型は、１９９４年のＡＰＥＣ首脳会議におけるボゴール宣言（工業国は２０１０年まで、非工業国は２０２０年までに貿易・投資の関税自由化を一方的措置として達成）

に対する代案として、1997年頃からシンガポール、NZ、アメリカ、豪、チリのP5（環太平洋自由貿易協定）構想から始まったとされる。しかしアメリカが国内事情から動かないなかで、2000年にとりあえずNZ、シンガポールのFTAとして始まり、その後、チリ、ブルネイが参加して2006年にはP4となった。

しかしP4では規模が小さいことから参加国を募ることになり、それに応じる形で2008年9月にブッシュ大統領が交渉参加を表明し、オバマ政権に受け継がれた。2009年7月、クリントン国務長官は「アメリカはアジアに戻ってきた」と宣言し、同年9月に来日したオバマ大統領は、日米同盟を繁栄の基盤とし、アメリカが「アジア太平洋国家」であること、「『環太平洋パートナーシップ』諸国とも、21世紀の貿易協定にふさわしい、広範な参加国と高い水準を備えた地域的合意をつくるという目的で関与」するとし[5]、日本等にも参加を呼びかけた。

要するにアメリカのリバランス、ピヴォット（軸足）戦略の一環としてのTPPの位置づけである。その背景には2008年のサブプライム危機がある。この年、アメリカ経済ひいては資本主義経済が危機に陥るのに乗じて中国が一挙に覇権国家化の姿勢を強める[6]。加えて2008年7月にWTOドーハ・ラウンドが決裂した。これらの事態に即応するのがリバランス戦略とTPP戦略である。そこでのアメリカのTPPに関する固有の関心は、アジア経済に関与しうる「制度的・国際法的」な仕組みを確保することであり、「米国がTPPに託している夢は中国の市場経済化と米欧市場との統合」、すなわちグローバル市場統合である[7]。

リバランス戦略はオバマ大統領の2011年11月のオーストラリア議会での演説でさらに定式化され

た(8)。それは、中国に対抗して、日、豪、韓、フィリピン等の同盟国との政治的連携の上に、はっきりしたルールに基づく自由で公正でオープンな透明度の高い国際経済システムを構築することが強調された。要するに米日、米韓、米比、米豪のバイの安全保障同盟の上にＴＰＰを構築しようとするものである。

同時にアメリカは、ＴＰＰ参加によりアメリカがいかなる犠牲も払うことがないよう、①関税撤廃の猶予期間が10年を超えても「自由化」として扱うこと（自動車）、②Ｐ９に参加拒否権を与えることの手をうち(9)、さらに③「ＴＰＰの輪郭」（２０１１年11月12日）を主導したものと想われる（上記の演説と同時期）(10)。「輪郭」では、④関税並びに物品・サービスの貿易及び投資に対するその他の障壁を撤廃する、⑤「生きている協定」としその適切な更新を可能にする、⑥ＩＳＤＳを含む、⑦物品市場アクセスについて、参加国間の関税撤廃、及び貿易障壁となりうる非関税措置の撤廃、⑧ＴＰＰの関税譲許表は約1万１０００のタリフラインの全ての物品をカバーする（以上は筆者の関心のみを抽出した）。とりわけ⑦⑧は日本として参加に当って特に強く意識すべき点だった。

日本のＴＰＰ参加とその条件

「日本が必ずＴＰＰに参加することを米国は熟知していた」(11)。その日本の２０１３年3月のＴＰＰ参加表明に際して、アメリカは②を如何なく行使した。すなわち日米共同声明では、何よりもまず「ＴＰＰの輪郭」を大前提とすることを確認したうえで、日米両国に貿易上のセンシティビティが存在することを認識し、二国間協議を継続し、自動車・保険の懸案事項に対処する。より具体的には駐米日本大使・通商代表代行の往復書簡により、①に基づいてアメリカのセンシティビティである自動車関税の最長期間にわたる段階的撤廃を認めたが、日本の農産品についての言及はなかった(12)。

既にこの時点で交渉の大勢およびTPP参加後の日本の命運は決まっていた。そのことは日本の国会決議の項で改めて確認したい。

以上から、第一に、アメリカは1990年代末に既に米日FTAという形で経済摩擦を解消する考えを持ち、それがTPPを通じる米日二国間協議への伏流水になったこと、第二に、2008年のサブプライム危機と中国急台頭、それを受けたアメリカのリバランス戦略のなかでアメリカのTPP参加となり、以降、アメリカは自らの犠牲を伴うことなくTPPルールの主導者になっていったことが確認される(13)。

2　安全保障問題とTPP

アメリカにとって、TPPはリバランス戦略とアジア太平洋におけるバイでの安全保障条約の下部構造を形成・補強するものといえる。日本でも「安全保障のためのTPP」という捉え方が強いが、日本はそこから「安全保障のためなら」という一種の思考停止状況に陥った。

2015年10月5日のTPP「大筋合意」の翌朝の全国紙をみると、読売は「TPPを主導する日米が結束し、日米同盟を深化させる効果も見逃せない。覇権主義的動きを強める中国への牽制となろう」(社説)とし、日経は六面でだが、「安保と両輪、中国けん制」というタイトルで「安保と経済の両輪で日米連携」と題した出来のいいイラストを載せている。それに対して朝日はもっぱら通商問題として捉え、「識者」のコメントとして「東アジア安全保障に効果」を載せるだけだったが、10月7日付けには一面を割いて、本節でもたびたび言及する白石隆へのインタビューを載せている[14]。そこで白石は「安全保障面では、新しい安保法制の成立とともに、米国とのパートナーシップを深化させることができる」とTPPを評価している。「安保とTPP」はマスコミの常識ともいえる。

このような傾向は民主党・野田内閣から自民党・安倍内閣へと引き続くものでもあった。TPP交渉参加に向けた協議開始の意向を示した野田内閣の「民主党政権内には経済よりも安全保障に絡めた議論が飛び交う。外交・安保担当の長島昭久首相補佐官は……TPPの意義について『TPPのミソは、アジアを米中で仕切らせないこと。逆に言うと、アジア太平洋の秩序は日本とアメリカでつくっていく積極的な視点が必要』と解説した」（朝日新聞、2011年11月20日）。

このような姿勢は政権再交代後の安倍首相にも引き継がれる[15]。彼は安保法制とTPPを同時並行的に進める自らの政治行動をもってそのことを示したが、2015年4月にはアメリカ議会で「TPPには、単なる経済的利益を超えた、長期的な、安全保障上の大きな意義がある」と演説するなど、事あるごとに「安全保障上の意義」を強調している。

それに対してオバマ大統領は、議会にTPA（大統領貿易促進権限法）の承認を要請した際に「中国にルールを作らせてはいけない。アジア太平洋の（通商）ルールを作るのは我々である」と訴え、TPP「大筋合意」に際しても、「世界経済のルールを中国のような国に書かせるわけにはいかない。我々がルールを書くのだ」（読売新聞、2015年10月6日）と、アメリカ主導のグローバルスタンダードづくりを強調している。グローバルルール作りに際して中国という特定の国を名指すことは異例中の異例と言える。

グローバル化時代には、ルールを制する国のみが覇権国家たりうる。そしてルール・メーカーたりうるのは超大国のみである(16)。米中対立は何よりもまず新自由主義的資本主義アメリカvs.国家資本主義中国のグローバルルール形成をめぐる競争なのである。それが具体的にはTPPを橋頭堡とするアメリカと、RCEP（東アジア地域包括経済連携協定、ASEAN＋日中韓＋インド、豪、NZ）の主導権を握りたい中国との対立に現れている(17)。

もちろん米日ともに日米同盟のうえにTPPを置いている本質理解に変わりはない。しかし日本が本質還元的にTPPを経済軍事同盟と捉えるのに対して、アメリカは安全保障の政治とTPPの経済を分け、後者の主眼をグローバルルールの形成に置く。

この彼我の戦略論の違いは大きい。日本は交渉過程を通じてルールメーカーの一員としての存在感ある行動をせず、もっぱら自国利益を守ることに徹したのに対して、アメリカはルール形成を主導する。日本の日米同盟強化論からは、リップサービス的にはともかく論理的に中国のTPP参加は出てこないが、アメリカは中国をTPPに引き入れグローバルルールに従わせる（国家資本主義の解体）ことを目的とする。だからこそ「TPPの輪郭」は敢えて「生きている協定」（成長し拡大する協定として内容を更新していく）たることを「重要な特徴」として強調するのである。このアメリカの思考は、政治と経済を混同する日本為政者に対して、政治と経済を割り切って対応する中国のそれに意外に近い。

結論的にいえば、日本側のTPP＝日米同盟論は次のような弱点をもつ。第一に、通商交渉を安全保障問題とリンクさせることで、通商交渉としての利害追求を甘くする。第二に、TPPの経済ルール形成としての本質を見誤らせ、ルール形成における主張を弱める。第三に、中国参加の可能性と参加に伴う影響を過小評価させ、そのことでＴＰＰの影響を過小評価させる[18]。

３　ＴＰＰと経済成長

成長戦略としてのＴＰＰ

安倍首相は、前述のようにＴＰＰの「安全保障上の意義」を強調しつつ、同時にＴＰＰをアベノミクスの「成長戦略の切り札」に位置づけている。

内閣官房ＴＰＰ政府対策本部は「ＴＰＰ協定の経済効果分析について」（２０１５年12月24日）を公表した。政府の解説によれば、「分析」は「ＴＰＰによる成長メカニズム」を明らかにすることが目的であり、そのメカニズムは以下の通りである。①ＴＰＰにより貿易開放度（輸出入／ＧＤＰ）が1ポイントあがると（全要素）生産性が０・１５％上昇する（世界銀行等の相関分析から推計、具体的には1・2ポイント増から生産性０・２％増）、②生産性があがると実質賃金が上昇し、1％の上昇に対して労働供給が０・８％増大する（複数国の事例から想定）、③賃金上昇、雇用増、物価下落から実質所得が増大すれば（２・６％）、資本ストックが２・９％増える（需要増→供給能力増）、というもので、その結果、ＧＤＰは２・５３％（13・６兆円）増、雇用は１・２５％（79・５万人）増という結論である。

この分析には次のような疑問がある[19]。

第一に、ＴＰＰによる貿易開放度の向上が全メカニズムの起点に置かれている。貿易開放度（輸出と輸入を合計した額の対ＧＤＰ比）は、ＴＰＰ参加に際しての２０１３年政府試算より微増する。他方で「輸出入は双方とも増加することから、ＧＤＰへの純寄与度は大きくない」としている。確かに輸出が対ＧＤＰ比＋０・６０、輸入が▲０・６１である。これでは「純寄与度が大きくない」どころか、対ＧＤＰ比▲０・０１になる。またＴＰＰは輸出より輸入をより増やすことがモデルからも明らかにされているのが注目される。

そこで分析は貿易量自体よりも〈貿易開放度→生産性向上〉を重視するわけだが、それは両者の相関関係の経験則から導き出されることになる。しかし貿易開放度は定義からして、輸出のみならず輸入が増えるほど増える。そして輸入はＧＤＰを減らし、雇用を削減する。だから結論は分析とは逆になるはずである。

第二に、農林水産分野の分析はＧＴＡＰモデル経済分析と別建てで行われており、「その結果をＧＴＡＰに投入」とされているが、「投入」の具体は不明である。農林水産分野の分析は生産量不変を前提（結論）としているので、食料需要減の傾向下では輸入量は減少することになる。しかるに経済分析では国全体の輸入は輸出以上に増大する。その中身は何だろうか。「経済分析」は黙するが、農林水産品が大宗を占めると想像される。要するに全体の経済分析と農林水産分野のそれは、後者の前者への統合ではなく、相互に独立に計算されたものを外的にドッキングしただけではないのか。

第三に、データに欠けるとして「対内・対外投資と収益還流の循環は定性的にしか触れていない」としつつ、「海外からの要素所得は、概ねＧＤＰの４％程度の規模であり、増加傾向にある」としている。確かに今や日本は輸出ではなく対外投資からの所得収支で経常収支を黒字化する投資国家になっている

（第Ⅲ節）。その肝心のところが分析では空白なわけだが、もしもそれを組み入れれば、海外直接投資の増は国内産業空洞化を加速し、雇用を削減することになる[20]。

また農林水産分野の「計算方法」も「輸出拡大分は考慮していない」とされている。農産物輸出は政府にとって「ＴＰＰの華」ともいうべきものである。ここでも主役を欠いた分析になっている。要するに経済分析は、画竜点睛を欠く。

政府の経済効果分析の新バージョンは、世界銀行のＴＰＰの経済効果分析が日本のＧＤＰを２・６％押し上げるとしていることを指摘し、日本政府の分析結果を支持するものとしてわざわざ紹介している。他方でタフツ大学は、ＴＰＰでアメリカや日本の雇用が減るという分析結果を示している。

また政府の国際金融経済分析会合に招へいされたＪ・Ｅ・スティグリッツは、そのレジュメで、「米国にとってのＴＰＰの効果はほぼゼロと推計される。ＴＰＰは悪い貿易であるというコンセンサスが広がりつつあり、米国議会で批准されないであろう。特に投資条項が好ましくない」（政府仮訳）と述べている（この予言は見事に当たった）。

アメリカでは２０１６年5月中旬に国際貿易委員会（ＩＴＣ）が議会にＴＰＰの効果（影響）分析を報告することになっている。そこでは議会を無傷で通すためにＴＰＰのＧＤＰ押し上げ効果を強調するか、さらなるぶんどりの余地を残すためにアンダーに評価するか、不明であるが、いずれにしても日本への相当量の農産物輸出の拡大を予測し、農産物の輸入量増大はないとする日本政府の分析との同床異夢を際立たせることになろう。

このようにＴＰＰのＧＤＰ押し上げ効果は確定的でないのに、ＴＰＰをアベノミクスの「成長戦略の切り札」として独り歩きさせているところに今日の問題がある。

国際競争力強化のためのＴＰＰ？

ＴＰＰ「成長戦略の切り札」論は、官僚レベルでは経産省主導とされるが[21]、同省の日本企業の国際競争力の低下への焦りとＴＰＰによる挽回への執念、その背景にある対中国へのライバル意識にはすさまじいものがある[22]。

２０１５年通商白書は、国際競争力の比較分析に一章を割き、①輸出増加品目が当該国の輸出に占める割合では、日本は、欧米、韓国、中国等と比較して最下位、②輸出数量が増加し単価も高くなっている品目の占める割合でも、対世界・中国では最下位、対アメリカでかろうじてドイツに次いで二位である。③日系企業は多角的な経営が多く、そのかかえる事業の多くが低収益で日本企業全体の成長性・収益性を押し下げている。④成長著しいアジア太平洋地域での売上高成長率は、アジア系企業、米系、欧州系の順で、日系は一桁低い最低水準にある、とする。

白書はこのような競争力劣化の原因を日本企業のグローバル化対応の遅れに求めているが、それは固有にＦＴＡの欠如によるものだろうか。いいかえればＴＰＰは解決策になるのか。その点について白書執筆を指揮した鈴木は「日系企業のグローバル戦略を展開、促進していくうえで、ＴＰＰは、大きな警鐘であり目覚まし時計になる」としている[23]。ＴＰＰが払う犠牲に比してあまりに一般的な関連付けである。競争の主戦場であるアジア市場はそもそもＴＰＰの一角にしか過ぎない。

国際競争力に焦点をあわせる分析それ自体は精緻を極めるが、それは相変わらず日本を輸出立国と捉え、成長の活路を輸出に求める点では過去の認識を引きずるものである。問題は日本の成長率の低迷を需要不足に求めていいのか、いわんや外需不足にしていいのか、である(24)。

4　国会決議は何だったのか

国会決議と「TPPの輪郭」

周知のように日本では、衆参両院の農林水産委員会がTPP交渉参加に際して2013年4月18、19日に国会決議を行っている。主な項は次の通りである。第1項「米、麦、牛肉・豚肉、乳製品、甘味資源作物などの農林水産物の重要品目について、引き続き再生産可能となるよう除外又は再協議の対象とすること。十年を超える期間をかけた段階的な関税撤廃も含め認めないこと」。第5項「濫訴防止策等を含まない、国の主権を損なうようなISD条項には合意しないこと」。6項「交渉に当たっては、二国間交渉等にも留意しつつ、自然的・地理的条件に制約される農林水産分野の重要五品目などの聖域の確保を最優先し、それが確保できないと判断した場合は、脱退も辞さないものとすること」。8項「交渉を進める中においても、国内農林水産業の構造改革の努力を加速するとともに、交渉の帰趨いかんでは、国内農林水産業、関連産業及び地域経済に及ぼす影響が甚大であることを十分に踏まえて、政府を挙げて対応すること」。

この決議の「原型」は2006年12月の「日豪EPA交渉開始に関する決議」にみられる。そこには「除外又は再協議」「交渉の継続についての中断も含め」とあり、また2013年決議の8項は2006年と全く同文である。

２０１３年の国会決議は、ＴＰＰ反対派にとってはほとんど唯一の拠り所であるが、それ自体は数々の不明点を含んでいる。

第一に、第1項の「除外又は再協議」と「10年を超える……」の関係が不明である。「除外」は文字通り交渉からの除外だが、「再協議」は交渉することは認めるが、その場合も「10年を超える……」とダメ押ししたということか。

ＷＴＯでは「自由化」とは最長10年での関税撤廃までをさすとされているが、ＴＰＰではアメリカの自動車の例もあり、10年を超える関税撤廃の猶予期間も自由化に含めるとしたようで㉕、それを踏まえて「10年を超える……」も認めないとしたのだろうか。

第二に、第6項には「聖域確保」という言葉が出てくる。これは第1項の重要5品目を「除外又は再協議の対象とすること」と同義なのか。同義だとすれば第1項が確保できない時は「脱退も辞さない」ことをマンデイトしたのか。

第三に、第1項の「再生産可能となるよう」と第8項の「影響が甚大」とは明らかに矛盾する。第8項は再生産が脅かされるような甚大な影響に対して国内対策を講じることとしたものだ。

第四に、「引き続き再生産可能となるよう」も、後に政府は「国内対策も含めて再生産可能」と言いだした。第8項を含めればそうも読める。しかし当時の農水大臣・西川公也『ＴＰＰの真実』の校正刷（２０１７年1月に開拓社より公刊）では、「翌年度の予算編成のなかでも対策をどうするかという議論はしましたが、対策を必要としない交渉結果が前提なので、（平成28年度予算の）概算要求は純粋な農林水産予算だけを提出することに決まりました」とある。農水大臣としての「対策を必要としない交渉結果が前提」の発言は明らかに「国内対策も含めて再生産可能」と相反する。

そういう細かな点はそれとして、決議の趣旨は要するに日米共同声明に盛られた「TPPの輪郭」を認めないということだ。「除外」というが、「輪郭」は1の⑧に引用した通り、全てのタリフラインをカバーすることになっており「除外」はそもそもありえない[26]。また「関税撤廃も認めない」とするが、これまた「輪郭」は④⑦で「関税を撤廃する」としている。また決議はISDSについても取り上げているが、そもそもISDSは濫訴以外にも「国の主権を損なう」ものである。

以上から、国会決議は「TPPの輪郭」と真っ向から対立する。両者は相容れない。国会決議を遵守する気があれば、日本がTPP交渉に参加する選択肢はありえない。にもかかわらず安倍首相は、日本のような経済大国の要求が通らないはずはないなどという大国意識にたち、予め全ての品目を関税撤廃されることはないとして交渉に参加した。首相は党決議や党の公約を守ったことを強調するが、国会決議の存在は事実上無視している。国会決議は法的拘束力をもつものではなく、議員（国会）の国民への道義的約束でしかないから、いざとなれば「国益」のためには破ることもやぶさかではない、「いわんや日本の安全保障がかかっていれば」というのが首相の腹だろうが、それは信義違反である。

このような考えのもと、首相は、TPPの是非に関する判断基準は国会決議ではなく、そもそも関税撤廃が前提とされているTPPの交渉で、その例外を勝ち取ったのだから交渉は成功だ、「再生産可能」は国内対策も含めて確保できればいい、とすり替えていく。日本には通商交渉を議会が縛るアメリカのTPA法のような仕組みがない。通商交渉は政府のフリーハンドであり、国会は交渉結果について議論し批准の可否を決める権限しかない。その日本において唯一、交渉を道義的に縛るのが法的拘束力をもたない国会決議である。繰り返すが道義は主観の問題であり、国会での国会決議をめぐる論議は残念ながら堂々巡りを繰り返すことに終わろう（結果は堂々巡りにさえならなかった）。

なぜ日本の農産品だけ再協議か

しかしそのツケは致命的である。繰り返すが、ＴＰＰは関税撤廃が大前提である。アメリカは前述のように最長期間をかけてではあるが自動車の関税を撤廃する。25年などと言う期間は前述のようにＷＴＯでは「自由化」とみなされていないが、にもかかわらずアメリカは事前にそれを入れ込んだ。そのうえでアメリカは自動車についても関税を撤廃する。その限りで「ＴＰＰの輪郭」に反していない。

しかるに日本は重要5品目のタリフラインのいくつかを関税撤廃から外している。「ＴＰＰの輪郭」に反しているのである。

ＴＰＰ協定では、附属書2－Ｄ「日本の関税率表　一般的注釈」で、日本は豪、カナダ、チリ、ＮＺ、アメリカからの要請に応じて農林水産品の関税、関税割り当て、セーフガードの適用について発効7年以後に協議することとされている。これについて日本が狙い撃ちされたという憤懣が国内には強い。しかしこれは他のＴＰＰ国からすれば当然のことなのである。なぜなら日本は「ＴＰＰの輪郭」に反して関税撤廃を即時あるいは何年後かに約束していないからである。

２０１３年2月19日の参院予算委員会で、当時の林農水大臣は、２０１１年11月11日の自らの国会質問に関する共産党の紙議員の質問に対して、「90から95％の品目を即時撤廃し、残る品目も7年以内に段階的に関税撤廃すべきであることを多くの国が支持している。センシティブ品目の扱いは、長期間の段階的撤廃というアプローチを採るべきとの考え方を示す国が多いなどの情報がえらたれたということが公表されておりました」としている。

これによれば、ＴＰＰは既に２０１１年段階で最長7年での関税撤廃に合意していたこと、そしてそのことを日本も承知していたことになる。前述のように後からアメリカが自国の自動車に好都合に期間を延ばしたが、この点は再協議の対象ではない。

要するに、関税撤廃をしなかった日本のみが、7年後に関心国から再協議を要請されることになり、その結論としては関税撤廃が予定されている。日本の農林水産品の関税撤廃は7年間の執行猶予を受けたにすぎないのである。

以上の全てを承知で国会決議はなされた。それはＴＰＰ交渉参加を納得させる（決議があるから「大丈夫だ」という偽りの安心感を与える）ものでもある。にもかかわらずそのような拠り所しかもたない状況下では、国会決議を逆手にとって、それは「ＴＰＰの輪郭」とは相容れないが故にＴＰＰを批准できないとする主張を貫くしかない。

5　政策支持と政権支持のかい離

支持率のかい離

安倍政権下の政治には大きな特徴がある。それは「政権支持率と政権が進める個々の政策への評価は完全にずれが生じてきています」という点である[27]。

たとえば、２０１５年において、集団的自衛権行使反対、安保法制の国会成立反対、川内原発再稼働反対の率よりも内閣不支持率の方が低い(28)。要するに個々の政策には反対でも安倍内閣は支持するという選択である。このような状況は、最近の一連の選挙結果（宜野湾市長選、北海道五区衆院補選）にも現れている。

それは農業政策についても、やや複雑な形で言える。日本農業新聞のモニター調査によると（1000名弱）、「安倍内閣の支持率は農業改革の度に大きく水準を落としている」が、「政党支持率は自民党が40・7％とトップで、TPP大筋合意後の前回調査（2015年10月）と比べ、5・7ポイント上昇。農業政策で期待する政党も自民党が34・7％と最多で9ポイント伸ばした。農業政策での自民党への期待度は、全般的な自民党支持率を常に下回る状態が続いている」（2016年4月1日付）。

要するに、自民党支持＞安倍政権支持＞安倍農政支持の関係である。

以上から、個々の政策への不支持が政権不支持には必ずしもつながっていない、農業者の間では農業政策への反対が自民党不支持にはつながっていない、といえる。このことは、TPPや農業・農協「改革」を考えるうえで極めて重要である。「はじめに」で述べたように、TPPへの農林水産業への打撃を強調するだけでは、国民はもとより、農業者の政治選択（選挙行動）を変えることには必ずしもつながらないのである（第5章）。

かい離の背景

では「政権支持率と政策支持率のかい離」の背景には何があるのか。その点は推測の域を出ないが、安全保障問題、景気（経済成長）、政権交代の受け皿の欠如の三点があるように思われる。

安全保障問題は、「北東アジアの平和が脅かされている時に日米同盟強化による安全保障は大切であり、そのためにＴＰＰでアメリカに妥協することもやむをえない」という言い訳になる。景気（経済成長）問題は、「ＴＰＰで経済が成長し、景気がよくなるなら、農業が多少の打撃を受けるのもやむをえず、国内対策でカバーすればよい」というすり替えになる。そして政権受け皿問題は「安倍政権には不満だが、他に政権の選択肢がないではないか」というあきらめになる。

このうち受け皿問題については、野党５党による、安保法制の廃止、集団的自衛権に関する閣議決定の取り消し、安倍政権打倒をめざした選挙協力が成立した。それは政権構想の合意には至っていないが、閣議決定を取り消すには内閣を作る必要があるという点では政権構想への一縷の可能性をもっている。当面は参院選での協力がどこまで進むか注目されるところである（第５章）。

安全保障問題についても、安保法制の廃止、集団的自衛権の行使容認の否定までは反政権勢力の意思は統一されているが、北東アジアの平和に向けての説得力ある積極的な提案には至っていない。そこには日米安保の評価をめぐる重い課題がある。

景気問題は最大の問題と言える。最近の一連の選挙でも最も重視されたのは景気である。先の日本農業新聞のモニター調査によると参院選に向けて重視する政策としては（３つまで回答）、農業政策64％、年金・医療・介護など社会保障政策48％に次いで景気・雇用対策45％となっている。農業者にとっても国民にとっても景気・経済成長は極めて重要な生活問題なのだ。ゼロ成長論などというのは思想的課題ではあっても国民の生活実感からは遊離している。アベノミクスの効果を評価する声は少ないが、ではアベノミクスに代る経済成長政策は、となると一致したものがみあたらないのが現状である。

日本では金融緩和と財政出動への懸念が強いが、先のスティグリッツやヨーロッパ社民党など欧米左派・リベラルの多くは、金融緩和、中央銀行の財政ファイナンス、反緊縮財政を主張し、その限りでアベノミクスを評価している(29)。要は何に向けて財政支出、労働配分するかで、前述のように外需拡大・輸出やそのための設備投資等に向けるのがＴＰＰ賛成論の立場だが、それに対して福祉、医療、教育、子育て支援、高齢者対策、地域・農業振興等の充実を対置しうる(30)。それはアベノミクスとのきわどいつば競り合いを演じることになる。

以上のように問題を捉えることは、ＴＰＰ問題を徒に拡散し、一般的な問題に解消するかに思われるかもしれないが、政策不支持率と政権不支持率のギャップを解消するためには、ＴＰＰそのものにテーマを限定することなく、総合的で現実的な政策の対置が不可欠である。

そのような総論とともに、ＴＰＰに限っても今一つの論点がある。先の日本農業新聞のモニター調査では、「ＴＰＰを評価しない」が59％、政府の農業への影響試算は「影響を少なく見過ぎている」が77％、不安払拭については「不安は全然払拭されていない」が71％であるにもかかわらず、ＴＰＰの国会承認については、「承認すべきでない」が40％に対して「十分な国内対策を確保すれば、承認はやむを得ない」が50％である。ここからしてＴＰＰ協定そのものとともに、国内対策が万全か否かの吟味が欠かせない（第Ⅲ節）。

Ⅱ　ＴＰＰの挫折とポストＴＰＰ

１　アメリカ大統領選挙日までのＴＰＰ

アメリカにとってのＴＰＰ効果

ＴＰＡ（大統領貿易促進権限法）に基づく国際貿易委員会（ＩＴＣ）の報告書が２０１６年5月18日にアメリカ議会に提出された。それを日本の「経済効果分析」と比較したのが表３－１である。

日本は２０１５年末には早々と分析結果を出したが、それは「別紙」（農林水産物の生産額への影響）も含めて80頁足らずで、内容もお粗末なものだった（Ⅰを参照）。それに対してアメリカは日本より半年長く検討し、８００頁弱に及ぶ報告を出した。

表３－１によると、ＴＰＰはアメリカのＧＤＰを０・１５％（雇用は０・０７％）しか増大させず、内訳は農業・食品産業は０・５％増、製造・天然資源・エネルギー産業は▲０・１％である。先取りしていえば、この製造業マイナスにトランプ登場の一つの背景がある。

農産物については輸出が１１１億ドルのび、輸入の72億ドルより大きい。最

表 3-1　TPP の経済効果の推計の日米比較

	日本（新たな成長経路に移行後）	アメリカ（発効 15 年後=2032）
GDP	+2.59%（13.6 兆円）	+0.15%
雇用	+1.25%（79.5 万人）	+0.07%（12.8 万人）
輸出	+0.60%	+1.0%
輸入	+0.61%	+1.1%

大の輸出先は日本36億ドル（全体の32％）、次いでベトナムの33億ドル、日本へは加工品、牛肉、酪農製品が大きいとされている。日本の分析ではＴＰＰによる農産物の輸入量の増大はないことになっており、生産額は１３００～２１００億円の減少にとどまるとしているが、アメリカは日本に対して４０００億円の輸出増とみている（さらにアメリカ以外からのそれも含めれば日本の輸入額は８０００億円増とも言われる）。

大統領選の中のＴＰＰ

予備選では、誰もが予想しなかったトランプがあれよあれよという間に共和党大統領候補にのし上がった。トランプの政策らしい政策は「ＴＰＰ脱退・再交渉なし」で、党は選挙綱領からＴＰＰ推進を外した。彼は共和党大統領候補の受諾演説で「ＴＰＰ＝環太平洋パートナーシップ協定は、我が国の製造業を破壊するだけでなく、アメリカを外国政府の決定に従わせるものです。……我々の自由や独立を損なう悪い協定には決して署名しないことを誓います。……再びアメリカ第一です。その代わりに、私は個々の国と個々の協定を結びます」とし[31]、就任日にＴＰＰから離脱することを繰り返し宣言した。

民主党では、民主的社会主義者を名乗るサンダースは、明確にＴＰＰ反対を掲げた。クリントンはトランプやサンダースに押されて選挙戦術としてＴＰＰ反対に回り、選挙後もＴＰＰ反対を貫くとしたが、オバマ政権下で国務長官を務め、アジア太平洋へのリバランス戦略を主導した彼女が、その経済的土台としてのＴＰＰに反対するなどできることではない。

明確に反グローバリズムの立場にたつのはサンダースのみだが[32]、その彼を民主党は汚い手で葬った[33]。にもかかわらず7月25日の民主党大会では選挙代理人の41％がサンダースに投票した。彼は「全体の46％を占める１８４８人の誓約選挙代理人を送り込んでくださった１３００万の国民の皆さん、ありがとう」とし、民主党政策委員会が、ウォール街の巨大金融機関の分割、グラス・スティーガル法（銀行業務と証券業務の分離法、１９９９年廃止）の成立、「国内の雇用を破壊するＴＰＰへの強力な反対」という自らの意見を取り入れたとしてクリントン支持を訴えた[34]。彼女は、大統領選後もＴＰＰ反対を貫くと言いだしたが、民主党の選挙綱領はＴＰＰ反対を明記しなかった。

クリントン優勢が伝えられているが、彼女が大統領になれば選挙中の「ＴＰＰ反対」の主張がお荷物になる。そこでオバマ大統領のレームダック期間中（11月８日～１月20日）にＴＰＰを承認してしまい、オバマに責任をかぶせるのが一番の得策ということになる。

それに対して、下院のライアン議長（共和党）は、「議会の賛成は得られない」、「承認を望むなら、修正や再交渉の必要がある」として医薬品のデータ保護期間や農業、労働分野を例示したと伝えられる（日本農業新聞２０１６年８月６日）。しかしそれは製薬業界の利益代弁者としてのライアンの見方である。

オバマ大統領下でＴＰＰが承認されず、クリントンの大統領就任後に持ち越された場合は、彼女は「ＴＰＰ反対は選挙の方便」といった言い訳は許されず、ＴＰＰの修正・再交渉が必至になる。

しかるに日本では、第三次安倍内閣の発足と同時に、経済閣僚からはＴＰＰ早期承認の発言が相次いだ（日経８月５日）。ＴＰＰ（輸出）が相変わらずアベノミクスの唯一の切り札だからである。そこで新内閣はＴＰＰ承認に「率先して動くことで早期発効に向けた機運を高め」「米国の再交渉要求を防ぐ」「実際に再交渉を求められたら、日本でも国会が通らなくなる」としている（官房副長官、日本農業新聞６月29日）。マスコミも「米ＴＰＰ消極論　憂うべき保護貿易主義の台頭」と題して、「日本は、ＴＰＰの早期発効に向けた強いメッセージを米国に送るため……秋の臨時国会で確実に承認を果たさねばなるまい」（読売、８月22日社説）とした。

以上から、アメリカが「マイペースＴＰＰ」であるのに対して、日本はともかく早期発効を焦っていることが分かる。首相は国会でも「再交渉には応じない」としていたが、ＴＰＰの早期発効を至上とする日本は、アメリカから「再交渉に応じなければＴＰＰを批准しないぞ」という脅しをかけられたらひとたまりもない。そして国会承認した後で修正・再交渉に応じざるを得なくなれば、日本は自ら制定した法を外圧で覆すことになり、主権国家としての面目を失うことになる。

２　トランプ大統領の登場

トランプの支持基盤

前項までは「クリントン優勢」の通説にたって書いたものだが、それは見事に外れ、現実にはトランプが勝利した。問題を立て直す必要がある。それは直接にはポストＴＰＰ通商交渉のあり方をさぐることだが、より大きくはトランプ登場を歴史的転換期に位置づけつつ、日本の進路を見定めることである。

まずトランプはほんとうに勝ったのか。投票一カ月後の集計では、クリントン６５５２万票、トランプ６２８５万票で２６７万票差がある[35]。国民が直接に大統領を選ぶことをもって大統領制の趣旨だとすればクリントン勝利であり、トランプの勝ちは、州で最多得票した候補が州の票を総取りできるというアメリカ特有の非民主的な選挙制度上のそれに過ぎない。

だがそもそも21世紀の大統領選は、2008年のオバマ対マケインを除けば「票差はすべて4ポイントにも満たない」(36)とすれば、今回もその範囲に入る。そこから言えることは、少なくとも21世紀のアメリカが真っ二つに割れた「分断国家」だということのみである。

そのうえで、トランプの支持基盤はいかなるものか。**表3－2**によると、第一に、20ポイント前後の差があるのは、白人とくに男性のトランプ支持、非白人および30歳未満の青年層のクリ

表3-2　アメリカ大統領選における階層別得票率

単位：%

		トランプ	クリントン
性別	男性	53	41
	女性	42	54
	白人男性	63	31
	白人女性	53	43
年齢	18～29歳	37	55
	30～44歳	42	50
	45～64歳	53	44
	65歳以上	53	45
人種	白人	58	37
	非白人	21	74
学歴	大卒以上	43	52
	大卒未満	52	44
所得	5万ドル以上	49	47
	5万ドル未満	41	52
党派	民主	9	89
	共和	90	7
	無所属	48	42
投票を決めた時期	先週	47	42
	その前	47	49

注1：CNNのデータを基に作成。
注2：日本経済新聞2016年11月10日より引用。

ントン支持ぐらいである。

第二に、大卒以上はクリントン、大卒未満はトランプ支持だが決定的ではなく、所得5万ドル以上はトランプ、5万ドル未満はクリントンだが、これまた決定的ではない[37]。

第三に、党派別では民主・共和両党間の移行は1割未満、無所属の差も6ポイントに過ぎない。

以上から第一の点を除いては大量現象としての決定的な差は見出しがたい。すなわち、第一の点を除き、明確な支持基盤を見出すことはできず、大幅な支持層のシフトがあったともいえない。問題は拮抗状態を打ち破る蟻の一撃だった。

その点について大方の報道では、製造業の白人雇用を守るというトランプのスローガンに、アメリカ北東部、中西部の自動車・石炭・鉄鋼等のラストベルト（錆びついた工業地帯）の民主党支持層がトランプになびいたからだとされる[38]。それは前述のTPPが製造業のマイナス成長をもたらすという分析とも整合的であり、そこから「米大統領選はグローバル化の敗者による反乱」という捉え方が出てくる[39]。

しかし、それは支持基盤といえるほどのものではなかろう。先の所得階層から言っても「トランプ票の特徴は、非民主的な経済に苦しんでいる層が、非民主的な経済で恩恵を受ける一部富裕層とかつてなくあからさまに協同する形になったというもの」である[40]。トランプは「敵を攻撃することで広範な人々を糾合しているだけで、明確な支持層などない」[41]。

拮抗状態を打ち破ったのは政治不信である[42]。ウォール街からの献金に依存しつつひたすらグローバリズムを追求し、その結果としての比較劣位産業の衰弱、経済格差の拡大、貧困等を放置する既存政治への不信が、その象徴としてのクリントン不信につながり、その反動としてトランプが勝利したという構図である。つまり「トランプの勝利」ならぬ「クリントンの敗北」である。

トランプの政権と政策

トランプの政策で一貫しているのはＴＰＰ離脱だが、これは「アンチ」として分かりやすく、また表2―1にみたようにＴＰＰによる製造業マイナス成長という一面を捉えている。

２０１６年7月の共和党大統領候補の指名受諾演説はほぼクリントン（オバマ）批判（アンチ）で埋まり、ＴＰＰ反対もその一環になっている。２０１６年10月の「１００日計画」では、米国労働者保護としてはＮＡＦＴＡの再交渉か離脱、ＴＰＰ撤退、中国の為替操作国認定、国際取引の濫用根絶、エネルギー規制撤廃、エネルギー・インフラ投資の障害除去、国連の気象変動計画への拠出を停止しインフラ修復に充てる等であり、アンチと規制撤廃が主である。また減税と税制度簡素化、エネルギーとインフラに10年間1兆ドル投資、国防費の強制削減の対象外化などを挙げている(43)。

トランプ政権の人事は、ⓐウォール街出身や大企業トップ（国務長官、商務長官、財務長官、規制改革特別顧問）、ⓑ元軍人トップ（国防長官、国家安全保障担当補佐官―後に辞任―、国土安全保障長官）、ⓒ主としてアンチ・オバマ政策の不法移民排斥（司法長官）、白人至上主義（上席戦略官兼上級顧問）、対中強硬派（国家通商会議議長）、反オバマケア（厚生長官）、反地球温暖化対策（環境長官）の論者等から構成される(44)。

ここから見えていく政策基調は、トランプのキャラクターを利用しつつ、ウォール街・金融資本の利益を徹底的に追及し、規制撤廃や福祉削減を図り、軍事面では対中強硬策を強め、その軍事費負担の肩代わりを日本等の同盟国に求めてくる方向と言える。

アメリカ経済はグローバル化のなかで金融資本主義化し、多国籍企業の海外投資からの所得収入に依存する投資国家になっている。それに逆らい、アメリカおよび他国原籍の多国籍企業の対外投資をアメリカに呼び戻すトランプ政策は、①それ自体が製造業等の国際競争を落とし、②アメリカへのドル還流によるドル高をもたらし、両者相まって輸出減から雇用縮小をもたらし、トランプ支持層の利害に反することになる。

トランプは外交演説（２０１６年４月）で、技術優位性を保てる分野を「賢く考える必要がある」として、３Ｄプリンター技術、人口知能、サイバー分野を挙げているが、それらの知識集約産業は、雇用の大幅拡大をもたらさず、これまたトランプ支持に回ったとされる白人製造業ブルーカラー層の雇用にはつながらない。

在日米国商工会議所の『金融サービス白書』（２０１１年）は、日本の「製造業重視（ものづくり）の風潮」を口を極めて非難しつつ、アメリカ「金融業界の目的の一つは、海外投資に対するすべての規制と個々の金融機関の規模に対する制限を取り払うこと」だとしている。このようなアメリカ金融資本主義の利害は反ウォール街的なトランプの言辞にもかかわらず貫かれていくことになろう。

多国間交渉（ＴＰＰ）から二国間交渉へ

トランプは、これまでの多角的交渉（マルチ）交渉を否定し、二国間（バイ）交渉に切り替えると主張している。この主張は揺らいでいない。

オバマは、多角的交渉を通じてグローバルルールのルールメーカーになることで、その下でのアメリカ一国の利益を追求しつつ、グローバル化時代の覇権国家たり続けようとし、中国にルールをつくらせず、グローバルルールに中国を巻き込むことを対中国戦略とすることで、通商政策とリバランス戦略と両立させてきた。

しかしながら「アメリカ第一」主義を掲げるトランプとしては、多国間協議やグローバルルールづくりではストレートに「アメリカ第一」を貫けず、彼が得意な「取引」も難しく、逆に国家がグローバルルールに縛られることになりかねない。「アメリカ第一」主義には二国間交渉がよりふさわしいということだろう。

しかしこのような考え方は、かつてニクソン大統領のスピーチライター、レーガン大統領の顧問を務め、1992年から2000年までの大統領選に出馬した極右分離主義者のP・ブキャナンの「反グローバリズム」からのパクリとされている[45]。すなわち彼は、大家族を守り人口を増やす、不法移民の厳格な強制送還等と並んで、NAFTAからの撤退、WTOは廃絶し、貿易協定は二国間とする、としている。このWTOをTPPに置き換えたのがトランプ政策であり、共和党主流に反旗を翻す場合の常道パターンといえる。

本章冒頭でみたように、そもそも米日にとってのTPPの原点は1980年代末の日米FTAの提起にあった。日本の民主党が当初のマニフェストに日米FTAを掲げたのもそう記憶に古くはない。

TPPの市場アクセス部分は二国間協議を束ねたものに過ぎず[46]、TPPというタガが外れたら、元の二国間協議が露わになるだけである。とくに日本はＴＰＰと並行して二国間協議をアメリカに強いられてきたという特別の立場にあり、二国間協議での妥協結果はＴＰＰ発効の如何に関わらず事実上の拘束力をもつことになる。加えてトランプ政権は、在日米軍費用全額負担をちらつかせることで通商交渉の有利性を確保しようとするだろう。

市場アクセス以外の肝心のルール部分についても、日本は日米構造障害協議の時から延々と名前を変えつつ交渉を継続させられており、第1章でもみたように在日米国商工会議所（ＡＣＣＪ）はとくに金融・共済（保険）についての制度要求を繰り返している。

安倍首相はトランプにＴＰＰに対する理解を求めていくとしていたが、2月10日の日米首脳会談をひかえて「（日米）ＦＴＡは全くできないことではない」「二国間の交渉についても、しっかり交渉していきたい」（1月26日）と早期に舵を切った。しかし二国間交渉は、①前述のようにＴＰＰと並行した二国間協議の延長であり、ＴＰＰの再交渉には応じないとしてきた首相見解の自己否定である。②ＴＰＰ国会承認の後でのそれは主権国家としての存亡にかかわる事態である。③工業製品の関税が既にゼロの日本には、交渉カードは農産品しか残されていない。そのカードで日米安保費用負担と自動車交渉に臨むのは日本農業を丸裸にするに等しい。

日本は日米安保条約の下で「アンポの借り」を経済で返すことを執拗に求められるなど、アメリカとの二国間交渉に悩まされ続け、マルチの交渉への転換を図ってきた。トランプ政権の登場はそういう悪夢への舞い戻りである。アメリカとのＦＴＡという点では既に米韓ＦＴＡの経験がある。そこでは韓国は、安全保障との関連で選択の余地なきものとして対米ＦＴＡを余儀なくされ、再協議要求にも応じてきた。日本のTPP参加に際して、アメリカ側は「米韓FTAを参考にするように」と示唆したという(47)。確かに今や米韓FTAに日本が学ぶ立場になった。

日本におけるTPP後遺症

日本は、TPP発効が絶望的になったにもかかわらず、前述のように国会承認の道を突き進んだ（2016年12月9日）。国会承認にあたっては、前節で触れた2013年の国会決議が顧みられることはなかった。またTPPに反対していた与党議員は、1人の若手議員の退場を除き、党議拘束を蹴ってTPP反対を貫くことはなかった。政治にけじめのない状況が引き続いていくことになる。

安倍政権にとって、アベノミクスは政権維持の唯一の手段であり、TPPはそのアベノミクス成長戦略のほとんど唯一の活路だった。そしたまたTPPは中国に対抗するための日米同盟強化の経済的土台をなすものだった。このように政治（安全保障）と経済の二重の意味でTPPを国家戦略の柱にしてしまった日本は、頼みの綱のアメリカが降りても、降りることとあたわず突っ走ることになる。

いわば対米従属の罠に嵌りこんだ結果としてのTPP突進だが、それは致命的な後遺症を伴うことになる。すなわち日本がTPP協定を国会承認したことは、TPPでの譲歩水準を、今後の通商交渉におけるいわば国家公認のスタート・ラインとすることになり、交渉に先立って交渉カードを切りつくしてしまうことに等しい。先に日米交渉において日本には農産品以外に交渉カードがないとしたが、他の通商交渉も同様である。

現実に日本は日欧FTA交渉の最終局面をむかえているが、チーズ類、ワイン、豚肉、チョコレート等について「ＥＵ側がＴＰＰ合意を上回る自由化を求めてきたのに対し、日本側がＴＰＰ合意と同水準までは容認するものの、それ以上の引下げは難しいとの姿勢を崩さなかった。ＴＰＰ以上の譲歩をすれば、米国や他の参加国の反発を招きかねない」（朝日新聞、２０１６年12月18日）。

かくしてアメリカが降りても「ＴＰＰは生きている」。にもかかわらず、ＴＰＰ関連国内対策法（牛肉・豚肉のマルキン制度改正、加糖調製品の調整金対象化など）の施行日はＴＰＰ発効の日となっており、ＴＰＰの実質的影響が現れても対策法は施行されないことになってしまう。第１章の農協「改革」も政府の腹ではＴＰＰの受け皿づくりだった。

グローバリズムと反グローバリズム

トランプ登場の意味はもちろんＴＰＰ問題だけに矮小化されるものではない。以下の二項ではトランプ登場の歴史的意味を考えたい。

世界はいま、イギリスのＥＵ離脱の国民投票、ヨーロッパにおける極右勢力の伸長など「世界同時トランプ現象」とも揶揄的に称される事態になっている。それらの動きを一括して「反グローバリズム」とする見解がマスコミやそこに登場する支配的論者には多いが、「（反）グローバリズム」と「（反）グローバリゼーション」は区別してとらえる必要がある。

そこで仮説的に**図３－１**を示した。ここでは「**グローバリズム**」[48]とは、覇権国家等による新自由主義的な市場経済・自由貿易の押し付け、その結果としてのハイパーグローバリゼーションとしたい。

「**反グローバリズム**」はそれへの対抗であり、「国家の多様性やナショナルガバナンスの重要性という美点ははっきり認識しつつ、穏健なグローバリゼーションがもたらす少なからぬ便益を保持すること」である(49)。WTOの新ラウンド開始を阻止しようしたシアトルでのデモ、ウォール街を占拠したオキュパイ運動、民主社会主義者・サンダースの善戦、そして日本の脱原発や安保法制反対の市民の運動（安保・自衛隊のグローバル化への反対）もこの動きにつながる。

「**グローバリゼーション**」は、「穏健なグローバリゼーション」とともに、グローバルな危機に世界が連携して対処しつつ、グローバリゼーションが切り拓く「公共性」（みんなに公開する、みんなのため）を追求していく流れ、としたい。現実にはグローバリゼーションは市場経済のグローバル化を通じて進行することになり、グローバリズムとの差異はグローバリゼーションのスピードや進め方の相違になる。

「**反グローバリゼーション**」は、歴史修正主義、移民排斥、民族主義、人種差別、マイノリティ排除、地球環境保護など、グローバルな課題や人類史的価値の追求へのグローバルな取組みに対する反動である。

ここ数十年、新自由主義的グローバリズムが猖獗を極め、国

図3-1　（反）グローバリゼーションと（反）グローバリズム

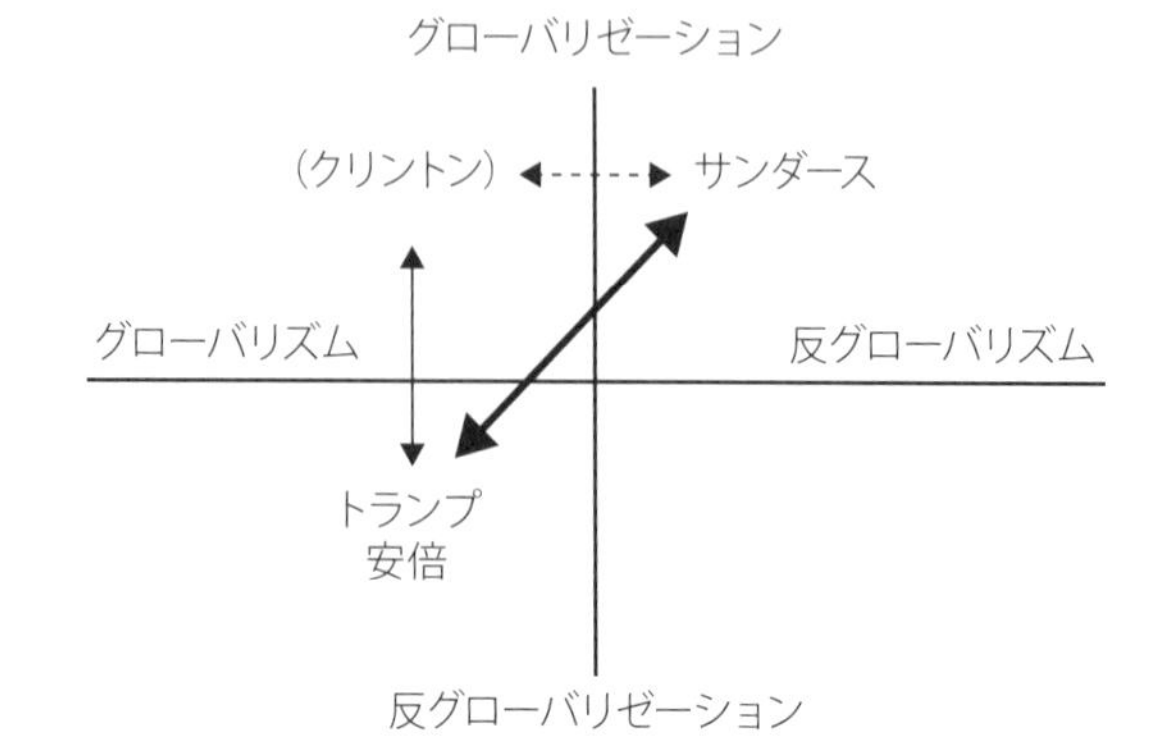

内外の格差を極端化した。そのなかでＴＰＰは最先端のグローバリズムと言える。グローバリズムの先頭に米英のアングロサクソン系資本主義がたってきたが、外に向かってのグローバリズムの追求が、内なるわが身を切り裂き、国内に貧困と格差が広がるなかで、グローバル化にとり残された層の「グローバル化疲れ」の反発がわき起こってきた。それがイギリスのＥＵ離脱やトランプの登場とＴＰＰ離脱となって表れたと言える。そこには速すぎるグローバリゼーションに対抗する反グローバリズムの要素と、移民排斥、民族主義、人種差別等を伴う反グローバリゼーションの要素がないまぜになっている。

前述のようにトランプを保護貿易主義者＝「反グローバリズム」と捉える見解が支配的だが、彼はまず自国産業「保護」を最初に前面にだしただけで、今後は本格的に他国に対して徹底した自由貿易（門戸開放）を「暴力的」に要求していくだろう。それは新手の（身勝手な）「グローバリズム」と言うべきである。

トランプの最大の特徴は、グローバル化に伴う前述の「公共性」の否定にある。それがまず中東・アフリカ7カ国からの入国拒否となって実行された。

話が抽象的になるので、図3－1にはこれまでの登場人物を割り振り、真の対決がトランプとサンダースに間にあること、クリントンが引き裂かれていること、トランプと安倍が親近感をもつことを示した(50)。

歴史の大きな流れとしては図3－1の左下から右上に動いていくだろうが、それは振幅の大きなジグザグをたどることになろう。トランプ登場の画期的意義は、このような世界史のパラダイム転換を後ろ向きの形で示した点にある。

日本の進路

先にオバマのグローバルルールづくり戦略とトランプの「アメリカ第一主義」を対比した。オバマがグローバルルール形成の中でアメリカの利益を追求しつつ、中国をそれに従わせようとするのに対して、トランプは二国間交渉を通じてストレートにアメリカの利益を追求し、中国に対してもむきだしの強硬策をとろうとしている。同時に「政治・外交のビジネス化」あるいは「取引化」志向が強く、理念・イデオロギー抜きの経済的妥協の可能性もある。

トランプは海外移転企業に高関税をかけるとか、メキシコからアメリカに車を輸出するなら高関税を課す、連邦法人税を大幅に引きさげるなど、WTO協定や国際協調に反する主張を繰り返している。そのことがWTO提訴されたらTPPのみならずWTO脱退まで突っ走る可能性も否定できない(51)。

それはトランプの恣意的政策というより、アメリカにオバマ流の迂回作戦をとる余裕がなくなり、グローバル化の被害をなりふりかまわずに修復するしかなくなったことを意味する。とすればそれは、アメリカがグローバル化時代の覇権国家の地位からずり落ちていく一歩、パックス・アメリカーナの終焉への一歩であり、変動相場制移行、サブプライム危機に次ぐ、その第三の画期だといえる。

安全保障面でも、トランプは「アメリカは世界の警察官ではない」と宣言し(これはオバマも同様)、日本に対しても在日米軍費用の100%負担を要求している。それは、アメリカの日本防衛と日本の米軍への基地提供をバーターとした日米同盟の見直しに通じる。

日本は、国是としてきた軍事と経済の両方におけるアメリカとの従属的同盟関係の見直しを、他ならぬアメリカによって求められている。それに対して安倍首相は日米FTAと日本の防衛力増強の方向で応えようとしている。しかし今こそ日本は、日米同盟を見直し、その相対化を図り、「自前の羅針盤」[52]をもつべき時である。

日本は凋落するアメリカに付き従い、凋落の過程で狂暴化する可能性と一蓮托生になるのか、独自の道を歩むかの選択を迫られている。通商交渉においても、TPPにこだわり続けることで、日米二国間協議への切り替えを迫られ、さらなる妥協を余儀なくされるのは、前述のようにTPPを国会批准してしまった今となっては、主権国家としての存亡にかかわる危険な道である。そのような道にいつまでもしがみつくのではなく、RCEP（東アジア地域包括的経済連携、ASEAN、日中韓、インド、豪、NZの16カ国）等の道を追求し[53]、発展段階や政体を異にする国同士の身の丈に合った連携、「穏健なグローバリゼーション」の道を追求すべきである。

Ⅲ　通商交渉と日本の農業・農政

1　通商理念の喪失

通商理念の喪失

今日の日本の農業・農政は、TPPの如何にかかわらず大きな構造変化をむかえており、TPPはその促進・抑制要因の一つといえる。まずTPP交渉における日本の姿勢は以下のようだった。

①TPPを安全保障問題とセットで捉え、日米同盟強化という政治を優先し、そこでの対米依存の見返りとして経済面では大いに妥協する。

②しかし経済面でも多国籍企業の利益確保は譲れないから、妥協は専ら農業と国民生活にしわ寄せする。
③農業では票田の大小を基準とし、100万戸を超す米についてはとりあえず関税撤廃をさけるが、6万戸弱の肉用牛農家、2万戸弱の酪農家、5千の養豚農家は切る。
④国内対策を2015年度補正予算、2016年度予算に間に合わせ、国会にTPP関連法案と批准をセットで上程し、2016年7月の参院選に備える。
⑤国内対策の一環として、これまでは多少の摩擦もあった政権党農林族と規制改革会議・産業競争力会議が歩調をそろえて農協「改革」を迫る。

アメリカが世界戦略の次元でTPPを考えているのに対して、日本の官邸は目先の政局展開における党利党略に問題を矮小化・私物化している。このような政治屋的な政治姿勢が続く限り、そしてそれに対する国民の明確なNOが示されない限り、日本農業は票田の小さな作目から順次、関税削減・撤廃に追い込まれていく。

そもそも、そこには世界戦略どころか（世界戦略は専ら対米依存）、その一環としての貿易理念もない。農産物輸出の促進がせいぜいのところである。日本はかつてWTO農業協定の前文に「非貿易的関心事項」を入れこむ努力をし、2000年「WTO農業交渉　日本提案」では「行き過ぎた貿易至上主義へのアンチ・テーゼ」として「多様な農業の共存」を根底とした多面的機能への配慮、食料安全保障の確保等の提案を行った。しかるにその後はFTAの追求に転換した(54)。FTA（EPA）の追求においても、2004年の「みどりのアジアEPA推進戦略」では、アジアの農村の貧困解消に日本が協力することにより「どうしてもだめなものは関税撤廃の対象から外す」(具体的には対タイ交渉における米)というWTO補完型FTAを追求する構えをみせた。しかしその直前に妥結した対メキシコEPAでは豚肉の関税引下げ等がなされており、「みどり」も米生産地域・アジアに対して米だけは譲らないとする含意だとすれば、それはTPPに通底するものに過ぎなかった。

その結果がTPP交渉参加だが、TPPは「生きた協定」であり、メンバーの拡大を目指している。日本はTPP以外にも日欧FTA、日中韓FTA、RCEP等を追求している。これらの交渉の全てにおいて、TPPの現行11カ国への日本の譲許水準は、各国の要求の下限として作用することになろう。

つまりTPPは、日本を世界に向けて丸裸にしていくことに等しい。確かに今、WTOのドーハ・ラウンドは途上国・新興国vs.先進国の対立からとん挫している。しかし理念なき自由貿易の追求を旨とするFTAの積み重ねの延長上に世界の「公平で公正な貿易ルール」(2000年日本提案)が築かれるとはいえない。いずれは世界(WTO)規模での調整が必要になり、日本としては貿易理念・政策の再構築を迫られる。

投資国家化と食料安全保障

理念なき自由貿易の追求で食料安全保障は果たされるのか。農業白書も引き続き「将来の食料需給の逼迫が懸念されている」としている。工業の貿易黒字で食料輸入するのが日本の食料安全保障の本音だった。しかるに世紀転換期あたりから日本の貿易黒字は減少に向かい、ほどなく第一次所得収支(海外子会社からの国内還元等)に凌駕され、2010年代には赤字に転落した(図3-2)。最近では原油価格の下落から赤字幅を減らしているが傾向は変わらない。今や日本の経常収支黒字は所得収支や知的財産権使用料等に支えられている。

日本は貿易立国から投資国家に転換した。その投資国家化に拍車をかけるのが、ＩＳＤＳなどにより海外投資権益の拡大・確保を狙うＴＰＰであり、とくに日本は投資先国としてのアジアに向けてのＴＰＰ拡大を切望している。

アジアへのＴＰＰ拡大は日本の農林水産業をさらに困難に陥れるが、ここでは国際収支と食料安全保障の関係を整理する。マクロ的には、貿易黒字でも所得黒字でも、それで食料輸入する点では同じではないかとなりそうだが、そうはいかない。ものづくりで稼いだ貿易黒字は雇用者にも還元され、食料輸入の原資になりうるが、海外企業活動による所得は企業に帰属し、ある企業アンケートでは(55)、企業は現地での再投資、現地での内部留保を主とし、本邦還元分の使途は、企業割合にして、研究開発・整

図3-2　日本の国際収支の推移

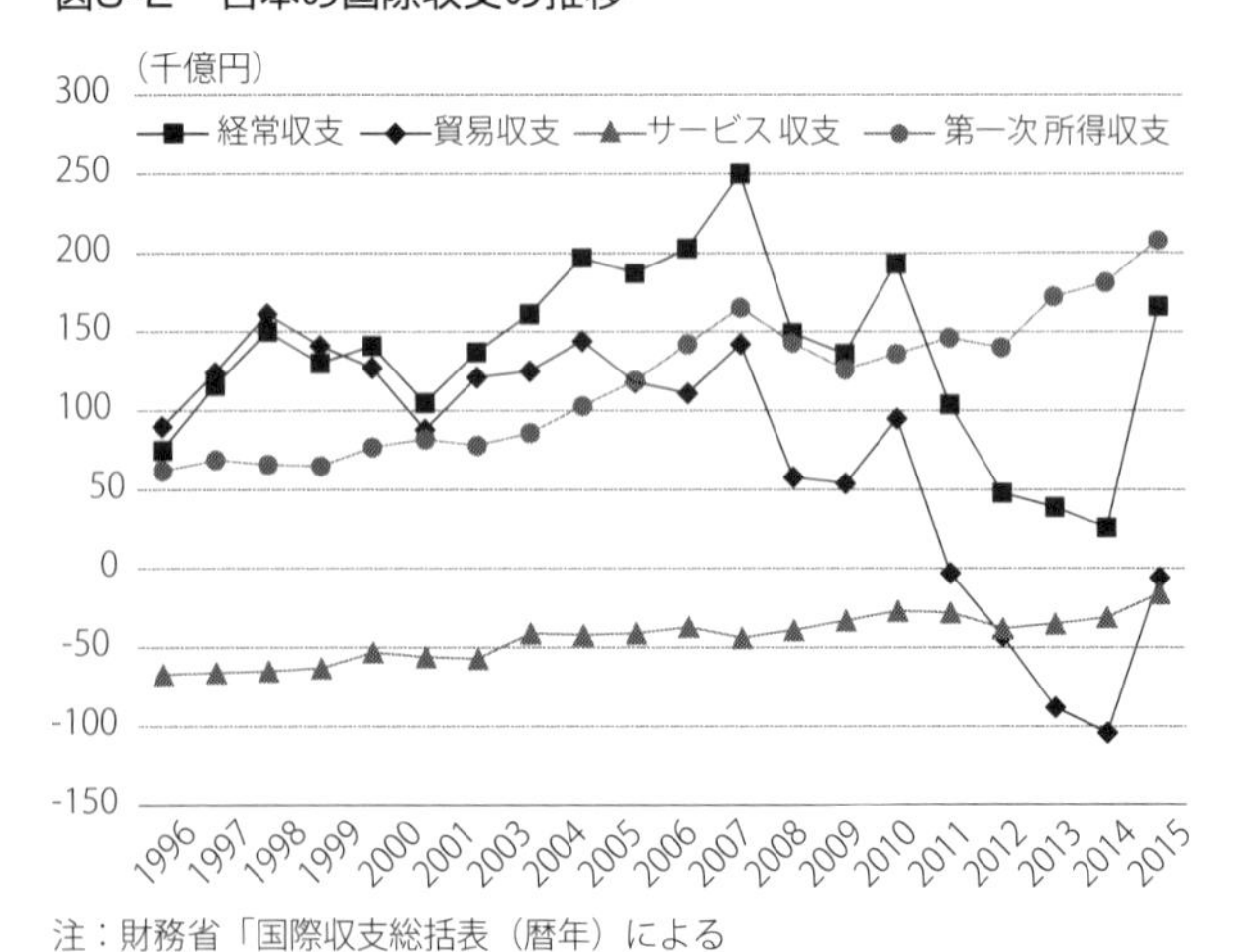

注：財務省「国際収支総括表（暦年）による

備投資44％、借入金返済26％、株主配当19％であり、雇用関係支出は16％に過ぎない。

日本の貿易立国から投資国家へのシフトは、食料輸入の原資を乏しくし、その面からも従来の輸入依存の食料安全保障を危うくする[56]。国内産業を空洞化しつつ投資収益を追求する道が、輸入依存の食料安全保障を危うくするとしたら、日本は内需に依存した経済構造・経済成長への転換を図り、その一環として食料自給率向上を図ることが不可欠になる。ＴＰＰはその真逆を行くものである。

２　ＴＰＰと日本農業の世代交代

日本の農業構造の変化を促進・抑制するＴＰＰの効果は既に現れている。

その第一は、ＴＰＰを契機に中高年農業者が離農を決意することである。第二は、これまでの規模拡大経営が孫子の代までの負債継続を避けて、規模拡大や投資を手控えることである。第三に、田園回帰の新しい動きが兆しだしたなかで、青年層が自らの将来を農業に託し得ずして新規就農をためらうことである。以下では農林業センサスを通じてそれらの点を確認したい[57]。
①２０１０～２０１５年（以下「今期」）には、農林業経営体数、農業経営体数、家族経営体数、販売農家数がいずれも２００５～２０１０年（以下「前期」）を上回って減少した。他方で特徴的なのは、これまで増加していた自給的農家が７・９％減となり、土地持ち非農家の減少が前期の14・４％増から２・９％増に大幅鈍化したことである[58]。従来から〈販売農家→自給的農家→土地持ち非農家〉の脱農化ルートがあったが、自給的農家としても留まれなくなったのが新たな特徴である。
②経営耕地面積の減は前期の１・７％に対して５・３％減と大きい。借入農地の増は鈍化し（28・

9%→9・3%)、耕作放棄地の増は強まった(2・6%→7・1%)。農地減より農家数減の方が大きかったから、その限りで規模拡大は進んだといえるが、借入地増加率に耕作放棄地増加率が迫っているのが注目される。

③農業就業人口は19・8%減で前期よりわずかに鈍化したが、基幹的農業従事者の減少は前期8・4%に対して今期は13・8%も減少している。

そこで以下、男子基幹的農業従事者に着目する。その年齢別動向をみたのが表3－3である。これによると、①60歳代はコーホート変化率の高さからして農業専業化・定年帰農年齢層にあたるが、その率は前期よりも落ちている。②70歳代以上はコーホート変化のマイナスからリタイア年齢層にあたるが、その減少率が上がっていることからリタイアが増

表3-3　基幹的農業従事者数(男性、販売農家)の年齢階層別変化

単位：%

	同一年齢層の増減率		コーホート変化率	
	2005～2010	2010～2015	2005～2010	2010～2015
30～34歳	1.4	▲4.2		
35～39	▲7.3	2.9	13.9	15.6
40～44	▲26.6	▲3.6	11.3	11.8
45～49	▲26.4	▲26.7	6.6	6.5
50～54	▲30.5	▲29.7	8.8	4.0
55～59	▲2.5	▲34.4	14.0	7.6
60～64	10.2	▲11.2	49.1	35.9
65～69	▲21.0	10.4	19.4	9.6
70～74	▲18.8	▲21.4	▲3.3	▲3.8
75～79	3.3	▲19.6	▲20.5	▲21.3
80～84	58.1	▲2.1	▲38.7	▲41.9
85～	86.5	35.4	▲46.4	▲54.1

注1：左側の数字は、単純に同一年齢層における増減率をしたもの。
注2：右側の数字は、例えば35～39歳層の2005～2010年の13.9%は、2010年の35～39歳人口(A)から2005年の30～34歳人口(B)を差し引いた数(A－B)を2005年の30～34歳人口で除したものである。(A－B)/B。
注3：農林業センサスによる。

大しているといえる。左の欄の同一年齢階層の増減では、前期に増だった70～84歳層が減に転じ、85歳以上層の超高齢農業も増加率を大幅に落とし行き詰まりをみせている（85歳以上で括られている、その中での高齢化の進展から死亡も増えていると想われる）。

以上、総じて中高年層における補充率の低下、リタイアの先送り、リタイア率の上昇といえる。とくに日本農業を支えてきた昭和一桁世代の次の世代（1945年前後生まれの団塊の世代）がまとまってリタイア期を迎え、そのリタイア率が高まっているのが特徴である。TPPはこのような傾向を加速する。

農企業形態の変化

おなじ表3−3のコーホート変化で、30歳代、40歳代の基幹的農業従事者の増大が前期、今期とも同程度見られる。センサスの結果概要では15～29歳が一括されているので若い年齢層の動向を統計的に確認できないが、ほぼ同様の傾向と推測される。先にTPPは新規就農を抑制するとしたが、その統計的な確認は5年後になる。ともあれ、このような新規就農それ自体は頼もしい動きだが、絶対数としては高年齢層の大量のリタイアをうずめるべくもない。とすれば世代交代はたんなる世代交代にとどまらない。家族農業の後継者確保から地域農業の後継者確保への転換、それに伴う農企業の組織形態の変更を伴わざるを得ない。

前述のように2010～2015年に家族経営体は減少し、組織経営体は6・3％増加した。組織経営体のうち任意組織は29％減少したが、法人経営は33・6％増えている。集落営農をみても、総数は2

010年代に横ばいになるが、うち法人組織の割合は2010年の15%から2014年の22%へと高まっている。

今日の集落営農は[59]、その多くが雇用を入れており、雇用確保には法人化が不可欠と言える。集落営農法人にあって労働力の確保には二つの形がある。一つは構成員の子弟が新たな構成員になることである。それは、これまでいわば「家」として世代交代・継承してきたことを家の枠を外して法人企業として行うものである。世代交代は同一世帯内における法人構成員名義の変更として行うのではなく（そういうケースもありうるが）、ひとまずは法人の従業員として採用され、そこでのOJTを通じて構成員になっていく形である[60]。それは構成員農家に後継者が育っている幸運な例と言えるが、それも個別経営としての継承ではなく、集落営農化、その雇用を通じてなされていることが注目すべき点である。

今一つは、構成員外からの雇用に依存するものである。その多くは、集落内からの雇用を期待しつつも、現実には集落外、自治体外からの雇用も多い。

これからの水田農業における持続可能な農企業形態としては、ゴーイング・コンサーンとしての、雇用労働力確保が可能な法人形態が主流にならざるをえないといえる。そこでは法人企業としてのマネジメント、雇用企業としての労務管理が重要な課題になる。とくに一国一城の主だった家族経営主が社長―専務―常務のヒエラルヒーに適合すること、また自分たちの自営業の感覚で雇用者に長時間労働を強い、残業代も払わないブラック企業化したりしないことである。

集落営農法人は、構成員の代替わり、あるいは雇用者の構成員化を通じて世代交代していくなかで、徐々に一般法人化していき、「集落営農」の母斑が消えていく可能性も高い。

それは「むら」を持続させ、地域資源管理を全うしていくうえでマイナスだろう。その点で、集落営農法人が農企業体としての自立性を高めつつ、同時に地域の全戸による一般社団法人化を図り、実質的に全戸が農企業体に出資する形でコントロールの手を離さない、長野県飯島町の田切の里営農組合（一般社団法人）と田切農産（株式会社）との関係は注目される。そこでは「田切農産が倒産することはあっても営農組合（むら）は不滅」とされている(61)。

財界は、ＴＰＰを機に一挙に株式会社の農業進出を果たし、積年の要求だった農地所有権の取得を果たそうとしている。ＴＰＰによる「農業の成長産業化」の主役たろうとしているが、野菜工場（高設ロックウール栽培等）等の形での進出は「工場」のそれとしてあり得ても、土地利用型農業では一般化しないのではないか。むしろ農業内から成長してきた農業生産法人が自ら借地展開・六次化を果たしつつ、その一環として、地域の旬の農家（法人化前の40代、50代の「くせ」のついてない農家）を一本釣りで組織し、農協に成り代わっていく傾向が強まると想われる(62)。農協が組合員平等の建前から専兼万遍なく面倒をみる必要があるのに対して、これらの法人は優秀な農家を「身軽に」一本釣りすることが可能である。それに対して農協が従来の共販組織にこだわることなく、青年農業者や担い手農家の「個」と「自由」の意思を柔軟に汲みつつ協同を追求することが農協「改革」の真の課題だといえる。

ＴＰＰの３つ目の影響としての規模拡大・投資の抑制効果についてはどうか。ファームサイズの拡大については、今期には、北海道では増減分岐層が一段上がり、１００ha以上のみが経営体の増大を見たが、その増加率は前期より微減した。都府県では前期と同様に５ha以上では増加しているが、その増加率は劇的に低下した。前期には品目横断的政策との関連で集落営農が増えたことが大規模層の増加をもたらした可能性が指摘されているが、大規模な集落営農は枝番組織が多く、協業経営体としての変化は統計ほどではないともいえる。

ビジネスサイズ（投資・収益）にかかる動向はセンサスからは把握しづらい。販売金額別には、前期には1億円以上のみが経営体増、1億円未満は軒並み減だった。今期には3千万円以上で増となり、とくに5億円以上は30％も増加している。しかしその経営体数は1千以下である。他方で500万円未満層は減少率を高めている。前期には農産物価格指数が低下し、今期には横ばい・微増だったことが作用している。要するに農産物販売金額別の動向は農産物価格次第だとすれば、TPPの関税削減・撤廃効果はいうまでもない。

以上は主として土地利用型農業についてだった。畜産・園芸・果樹等については筆者には調査に基づく知見がないので言及を控えるが、例えば北海道の加工原料乳がTPPでやられれば、都府県への生乳供給になり都府県酪農が影響を受ける、米産地が「脱コメ」で園芸作へのシフトを図れば園芸作が過当競争や価格下落にみまわれるというTPPの将棋倒し効果を視野に入れる必要がある。また集落営農法人化があてはまるのは水田農業に限定され、その他の品目における農企業戦略を別途に考える必要がある。

3　グローバル化時代の農政課題

日本農政は、①構造改革の未達、②自由化の進展、③デカップリング型直接支払の国際規律化、のトリレンマに悩まされてきた。前述のように、20世紀には②の貿易至上主義化に歯止めをかけようとしたが、21世紀にはEPAに舵を切り、TPP交渉で全品目にわたり関税削減・撤廃した[63]。それは世界に向けて市場開放するグローバル化時代の幕開けに等しい。

にもかかわらず①は引き続いているので、③に全面移行できない。そこで日本はなし崩し的にずるずると関税削減・撤廃し、その都度、弥縫的に「国内対策」を講じながら、ついには米の関税撤廃に至る道を歩んでいる。それでは集落営農法人化等として追求されている①の芽も摘む。

その日本が唯一可能な政策としてそれなりに追求してきたのが、本質的には市場価格と生産費の差額を補てんするという意味で不足払い的な直接所得補償政策だろう[64]。「国内対策」の一部もその延長上にあるが、要は政策の基調転換になるかである。

しかるに③を旨とするWTO農業協定では、不足払いを含む「黄の政策」（AMS）は、基準期間（1986～88年）の20％削減することとされている。日本については、基準期間のAMSは4・97兆円、それを20％削減した「約束水準」は3・97兆円になる。それに対して2012年のAMSは6千億円で約束水準の85％も削減したことになる[65]。言い換えればまだ3兆円以上の黄の政策の余地を残している。現在の農林水産予算を1兆円も上回る額である。決裂した2008年のモダリティ案では日本やEUは70％削減を提案されている。その場合の許容額は1・5兆円になる。

TPP国内対策に係る牛肉・豚肉のマルキン制度（枝肉価格とコストの差額を補てんする制度）は、牛肉であれば枝肉価格に関連させているので「黄の政策」である。また収入保険制度も9割以下への減収の9割補てんなので、WTOの基準（7割・7割）を満たし得ず、「黄の政策」になる。

許容額（約束水準）に比すれば、これらは微々たるものである。しかしそこには二つの問題がある。

一つは「黄の政策」を敢えて法制化するにあたっては、それを削減対象とし、③を是とするWTO農業協定への明確なアンチ・テーゼをもつべきである(66)。

二つには日本が巨額の許容額(約束水準)を残しているということは、言い換えれば、それだけ価格支持的な政策を削りまくったということである。EUは価格支持政策等の財源を直接支払政策に転換させる形で軟着陸していったが、日本はただ削りまくった(67)。その結果は農林予算の1兆円以上の減になった。今や中長期的に見て直接所得支払政策への転換が必須だが、その財源がないのが日本の実態である。

農水省は戦時体制以来、食糧と農地の統制官庁として存続してきた。このたびTPPと絡んで、生産調整の国による配分をやめ、国家戦略特区内での株式会社の農地所有権を認めるに至った。それは食糧・農地統制官庁の終焉を意味する。農林族と官の連携も官邸により分断された。くわえて農水省は農協「改革」の名において農政浸透機関としての農協をずたずたに切り裂いた。TPPでは農業を独立の交渉分野にしえず、他産業の犠牲に供した。残るのは農水省の自葬(経産省統合)である。

このような状況下で農政の基調転換に向けて新たな財源確保を図るには、やむをえず国境措置を引き下げる場合にはその分を直接支払でカバーしつつ、省益を介してではなく、国民に直接に働きかけて直接所得支払政策の財源を含めて合意を図ることが欠かせない。それが農政最大の課題である。

注

(1)拙編著『TPPと農林業・国民生活』筑波書房、2016年4月。

(2)作山巧『日本のＴＰＰ交渉の参加の真実』文眞堂、２０１５年10月、金ゼンマ『日本の通商政策転換の政治経済学』有信堂、２０１６年２月。ここで「転換」とはＷＴＯ（マルチ）からＦＴＡ（バイ）へ、ＦＴＡにおけるバイ（二国間）から「多国間ＦＴＡ」への二重過程を指す。鯨岡仁『ドキュメント　ＴＰＰ交渉』東洋経済新報社、２０１６年。
(3)畠山襄『経済統合の新世紀　元通商交渉トップの回想と提言』東洋経済新報社、２０１５年、１０７～１０８頁。以下、同書によるところが多い。
(4)トランプ大統領はＴＰＰの日米二国間交渉への切り替えを主張しているが、長い目で見れば、それは１９８０年代までの事態の継続と言える。
(5)２００９年11月15日朝日新聞に全文が掲載された。
(6)白石隆『海洋アジアvs.大陸アジア』ミネルヴァ書房、２０１６年、74頁。
(7)畠山、前掲書、１０２、１４２頁。
(8)白石、前掲書、64～68頁。
(9)畠山、前掲書、１４４～１４７頁。
(10)「輪郭」はＷＴＯ農業交渉におけるモダリティー（交渉大枠の設定）に相当するものだが、日本は協議にまだ参加していなかったこともあり、そのことの認識が甘く、命取りとなった。
(11)畠山、前掲書、１５６頁。
(12)共同声明は両国の「センシティビティー」を認めたが、それへの配慮の幅は広いにもかかわらず、日本は関税撤廃の例外も含まれると一方的に解釈し、重要５品目の関税撤廃からの「除外」等を主張した。しかしその主張は「ＴＰＰの輪郭」を前提とする限り共同声明に盛り込みようがなかった。日本のＴＰＰ参加に対するアメリカの条件は、２０１３年２月のワシントンでの日米首脳会談に向かう政府専用機の機内で提示されたという。鈴木英夫（前経産省通商政策局長）『新覇権国家中国×ＴＰＰ日

米同盟』朝日新聞出版、2016年2月、42頁。

(13)「アメリカのリーダーシップがあってはじめてTPP交渉ははじまりました」白石、前掲書、258頁。

(14)朝日は、このような主要論点について自ら記事を書くことなく「識者」に委ねている。官邸に押し込められた朝日の姿がみられる。

(15)つまりTPPは政権マターであって政党マターではない。野党の時は反対するがひとたび政権を握れば推進に回る。

(16)白石隆、前掲書、258頁。このようなグローバル化時代の米中の覇権争いについては、J.A.ベーダー、春原剛訳『オバマと中国』東京大学出版会、2013年5月、J.ダイヤー、松本剛史訳、『米中　世紀の競争』日本経済新聞出版社、2015年6月、J.S.ナイ、村井浩紀訳『アメリカの世紀は終わらない』日本経済新聞出版社、2015年9月等。

(17)中国の描く様々な世界戦略――「新型大国関係」(米中覇権)、「一帯一路」(西方への大陸連携)、AIIB(アジアインフラ投資銀行)、「21世紀型の朝貢システム」――については、白石隆、前掲書、第2章、鈴木英夫、前掲書、第3章。

(18)トランプが日米二国間交渉と在日米軍費用全額負担を合わせ技でもちだしてきた時、TPP＝日米同盟論の危険性はさらに強まる。

(19)拙稿「TPP交渉の本質をどうみるか」拙編著『TPPと農林業・国民生活』前掲、28～29頁。

(20)海外からの要素所得はいうまでもなくGNIの構成要素であり、GDPのそれではない。GDPを指標とする経済分析の結果には貢献せず、空洞化効果のみが残ることになる(トランプの強調点)。

(21)作山・前掲書、御厨貴『政治家の見極め方』NHK出版新書、2016年3月、42頁、渡辺治「安倍政権とは何か」渡辺治他編『〈大国〉への執念　安倍政権と日本の危機』大月書店、2014年、48～

51頁。
(22)その典型が鈴木英夫・前掲書である。
(23)鈴木・前掲書、247頁。
(24)翁邦雄『経済の大転換と日本銀行』岩波書店、2015年、は潜在成長率の低位の根本原因を労働力人口の減少に求める。
(25)畠山、前掲書、145頁。
(26)国会でも政府はTPPに「除外」がないことを認めた。これは決定的な点だが、論議は深まらなかった。
(27)御厨貴・前掲書、78頁。
(28)松尾匡『この経済政策が民主主義を救う』大月書店、2016年、79頁。
(29)そのような見解への批判としては、翁邦雄、前掲書。
(30)松尾匡、前掲書。
(31)2016年7月23日の演説。NHK全訳による。
(32)前掲・高田論文。
(33)宮前ゆかり「サンダース、かく戦えり」『世界』2016年10月号。
(34)同上。
(35)北丸雄二「大いなる矛盾の導く先は?」『現代思想』2017年1月号。
(36)同上「トランプの憎悪がもたらすトランプの利益」『世界』2017年1月号。
(37)予備選でのトランプ支持層の所得はクリントン支持層の所得より1万ドル以上高い7・2万ドルで、米国民所得の中央値5・6万ドルよりかなり高い(北丸・前掲論文)。
(38)多くの指摘があるが、NHK取材班『トランプ政権と日本』NHK出版新書、2017年、とくに金成隆一『ルポ　トランプ王国』岩波新書、２０１７年。

(39)朝日新聞のＷ・シュトレーク（『時間かせぎの資本主義』のフランクフルト学派の著者）インタビュー（２０１６年11月22日）。

(40)前掲・中丸論文。

(41)小熊英二「合意より分断　悪循環生む」朝日新聞11月24日。

(42)同上・小熊論文、高田太久吉「アメリカ社会に何が起きているか」『経済』２０１７年１月号。

(43)共同通信社編『入門　トランプ政権』共同通信社、２０１６年、「トランプ政権の政策を徹底分析」『日経ビジネス　トランプ解体新書』２０１７年１月。

(44)ワシントンポスト紙は「近代で最大の富豪政権」と呼び、ボストン・グローブ紙は、昨年に内定した閣僚の総資産は１３１億ドルで、オバマ政権の５倍に及ぶとする（朝日新聞、２０１７年１月８日）。

(45)木下ちがや「『時代遅れ』のコンセンサス」『現代思想』２０１７年１月号。

(46)首藤信彦「アトランタに仕組まれた『ＴＰＰ大筋合意』」『世界』２０１５年12月号。

(47)品川優「米韓ＦＴＡからＴＰＰをみる」拙編著『ＴＰＰと農林業・国民生活』（前掲）。

(48)研究社英和大辞典では「世界覇権主義」とされている。

(49)Ｄ・ロドリック、柴山圭太訳『グローバリゼーション・パラドックス』白水社、２０１３年、２７１頁。またＥＵ統合についてＷ．シュトレーク、鈴木直訳『時間稼ぎの資本主義』みすず書房、第３章。

(50)トランプの国内製造業の保護、企業の海外進出阻止、関税引き上げ等の言説をもって「反グローバリズム」と位置付ける見解が主流である。しかしそれは「アメリカ第一」から出てくることで、ウォール街出身で固められた政権構成からしてもより露骨なグローバリズムの追求になろう。安倍については、「安倍政権はトランプを先取りしていた」「安倍政権はその非民主的な体質やファシスト手法の点でトランプと明らかに共通性を持つ」（栗田禎子「『トランプ＝安倍枢軸』下の危機とたたかいの展望」

『現代思想』２０１７年1月号。なおクリントンの位置付けは、その表面的な言辞からで、本音は不明なのでカッコに入れた。

(51)我々はこれまでWTOをグローバリズムの権化のように捉えてきた。WTOの新自由主義的な論理に変わりはない。しかしWTO交渉が先進国と途上国の対立から頓挫し、そして今トランプによってないがしろにされようとしている時、WTOがもつ一定の「公共性」（全世界への公開性）もまた無視しえない。グローバリズムもグローバリゼーションも絶対的なものではなく、関係性のなかで規定されていく。課題は反WTOではなくWTO改革だろう。

(52)寺島実郎「日本、自前の羅針盤持つとき」朝日新聞２０１６年11月12日。

(53)RCEP等の「他の自由貿易の枠組みを着実に進める必要」は、TPP推進のメディアからも聞かれる（読売新聞２０１７年1月4日社説）、また首相も施政方針演説（1月20日）で「RCEPなどの枠組みが野心的な協定となるよう交渉をリード」するとした。日本がTPPの延長や日米二国間交渉からの玉突きで「野心的な」（高すぎる）ハードルを主張し、ぶち壊し役に回ることのないようにしたい。

(54)金ゼンマ・前掲書。日本は「２００４年の提案から多面的機能の文言は落と」した（林正徳他編著『ポスト貿易自由化』時代の貿易ルール』農林統計出版、２０１５年、１７３頁）。

(55)２０１１年11月2日の民主党農林水産部門会議に提出された経産省資料による。そこでは「輸出と投資収益の両輪で稼ぐ」「海外事業の収益を環流させる」と明記されている。

(56)２００１年度農業白書は「我が国経済が空洞化し、徐々に貿易黒字から貿易赤字へと転ずる可能性も否定できない」として、食料の安定供給のために「国際収支の動向についても十分に留意していくことが重要」とした。

(57)センサス分析としては、梶井功「２０１５年農林業センサス結果を読み解く①～⑦」『全国農業新聞』

2016年1月15日〜2月26日、江川章「日本農業の現段階とTPP」拙編著『TPPと農林業・国民生活』(前掲)。

(58)センサスが土地持ち非農家、耕作放棄地の捕捉率を低めた可能性が高い。

(59)拙著『地域農業の持続システム　48の事例に探る世代継承性』農文協、2016年、第1章。

(60)具体的な事例として、たとえば福井市の農事組合法人ハーネス河合(前注書で紹介)、石巻市の有限会社大瓜東部アグリファーム(全国農地保有合理化協会『土地と農業』46号、2016年3月、に紹介)。前者の場合、構成員子弟の雇用も人材派遣会社を通じている。

(61)田切農産『永続する農業・農村経営をめざして』(2015年)、拙著『地域農業の持続システム』(前掲)第1章。

(62)例えば仙台市の舞台ファーム、飯田市の丸中中根園等が挙げられる。拙著『地域農業の持続システム』(前掲)第2、4章。

(63)東山寛「TPPと農業」、前掲拙編著、日本農業新聞2016年3月15日。

(64)直接支払政策の推移については拙著『農業・食料問題入門』大月書店、2012年、第8章。とくにコメ戸別所得補償を全面否定し、直接支払の根拠となるべき多面的機能を、地域資源管理に矮小化した(多面的機能支払)のは、直接支払を政権交代期の政争の具にした日本の不幸である。

(65)農水省「WTOドーハ・ラウンド交渉」2014年9月。

(66)黄の政策は、生産刺激的=市場歪曲的たることをもって削減対象とした。それは農産物過剰と言う過ぎ去りし時代の産物に過ぎず、そもそも自給率向上をめざす国にはなじまない(前掲・拙著)。

(67)日欧比較は坪田邦夫「各国の農業政策の分析手法」林他前掲編著に詳しい。日本は米のAMSをゼロにしたがデカップリングは進行せず、予算削減が進んだ。

第4章　地域への視角

はじめに

本章では地方創生と都市農業振興計画を取り上げる。地方創生ならぬ地域再生がとりわけ切実なのは中山間地域であり、それに対して都市農業振興は主として大都市の市街化区域内の問題とされている。それぞれの問題は地理的に遠く隔たっているかにみえるが、実は同じ国土利用再編政策のなかでリンクしている。同じく問われるのは、高度経済成長期の「計画」政策がグローバル化のさなかで破綻した後の、地域再生のあり方である。それは政策と現実の両方からアプローチする必要があるが、本章では政策の検討に力点をおいた。

Ⅰ　地方創生政策

1　「地方」か「地域」か

「地域」を考えるうえで思い出される歴史家に上原専禄がいる。上原は今日では「忘れられた思想家」だが、1899年に生まれ、日本における中世ヨーロッパ実証史学の開拓者となり[1]、一橋大学の学長を長く務め、研究者の先頭に立ち、日教組の国民教育研究所等を通じて「国民教育」を熱心に説いた。1960年に大学を辞め、妻の死後、郷里の京都に隠れ住み、1975年に密かに亡くなった。妻の死で深まる日蓮宗徒としての「死者との共闘」思想は近代合理主義への根本批判として、今日一部の注目を集めている。

未完の『上原専禄著作集』が評論社より刊行されているが、地域との関わりで注目されるのは、その第14巻『国民形成の教育　増補』である（1989年刊、『国民形成の教育』そのものは1964年刊）。上原は以前から歴史認識の方法として、マルクスの史的唯物論のような「法則化的認識」と、ヨーロッパ近代資本主義の個性をギリギリと追求するM・ウェーバーの「個性化的認識」の二つをあげていた（『歴史学序説』大明堂、1958年）。しかしこの『国民形成の教育』に至り、「私の現実認識の方法」はそのいずれでもなく、「課題化的認識の方法」とでも名付けられるべきものだとした。

「課題化的認識」とは、「歴史的現実の重荷を背負いながら、歴史的現実に即して、歴史的現実を変更していくという問題、その問題の基本的構造と基本的内容を歴史的現実そのもののうちに探り出すことによって、問題直感を課題認識へと定着させていくこと」としている。要するに人びとが生活現実の中で「これが問題だ」と直感したものを、「課題」として深めていく認識方法といえる（81頁）。

それは「学者的・専門家的方法とはいえないかも知れません」が、人びとの生活実践のなかでの「問題直感」に依拠した主体的実践的なものだといえる。彼自身は、安保闘争のなかで、「日本民族の独立」（安保条約の廃棄）をそのような「課題」として考え、「課題化的認識」として「アジア・アフリカの独立」の考察を深めていく[2]。そして「アジア諸地域への日本の侵略の全体、それを今の日本人としてどう理解し、どう意味づけ、どう責任追及するか」という「問題をぬきにしては、日本はアジア・アフリカにつながることはできないと思う」ようになる。

彼は、そういう課題化的認識として、政治と教育、産業と教育、文化と教育、学問と教育、民族と階級といった問題が「もっとも具体的に一まとまりになって、いわば生活的なかたちででて来るのが、地域だ」として、「地域における地域に立脚した研究」の重要性を指摘した（289頁）。

そして「地域の問題には、特殊性という言い方で逃げてはいけない問題側面と、普遍性という言い方で抽象化してはいけない問題側面との両面」があり、「この両面を統一的にとらえることが、地域の問題を具体的にとらえる、ということではないか」としている（352頁）。先の個性化的認識と法則化的認識のいずれか一方で割り切ることへの批判であり、地域に貫く法則性と地域が持つ個性の把握の両面を重視する。

しかるに当時、それとは「たいへん違った地域認識の方法というものが、権力、独占資本の側で形成されている」。そこでは「地域というものは、中央にとっての、利益追求の手段としてのたんなる『地方』というものに抽象化される」。「地域というものが、今の政治の中でたんなる地方へと転落させられつつある」(353頁)。それに対して地域をたんなる地理的な概念ではなく「政治的・社会的な概念として、新しく自覚しなおされなければならない」。この〈課題化的認識→生活の場としての地域→地域の地方化への対抗〉という上原の主張に、「地方」と「地域」の相違を鮮やかに見て取ることができる。

「生活の場としての地域」は、生態系・風土・歴史によって育まれた「そこにあるもの」であって、短期間に政策的に「創生」できるものではないが、「地方」は「創生」できる。なぜなら上原が言う「中央の利益追求の手段としての地方」は、中央が決断しさえすればでっちあげられるからである。

そして今日、まさにこのような「地域」ならぬ「地方」が脚光を浴びている。それはいうまでもなく安倍内閣の「地方創生」政策である。安倍首相は2015年2月の施政方針演説で「地方こそ成長の主役です」としたが、この演説には「地域」の語は一度も出てこず、見事に「地方」に統一されている。

本節ではこのような「地方創生」論を検討するが、その前提として、地域格差の形成とその解消策の歴史をたどっておきたい。地方創生の手法の多くが実は歴史の焼き直しに過ぎないことが確認されるだろう。

2 国土利用構造と地域格差問題

太平洋ベルト地帯の形成

資本主義確立前の1880年の人口第一位は石川県、第二位は新潟県、東京は17位だった。当時の石川県は今日の富山県を含むが、北陸優位は動かない。米と北前船の経済が日本海沿いを経済のメインストリートにした。それを覆すのが１９００年前後の産業革命だった。そこで経済の中心は大阪、東京の太平洋側に移ったが、繊維工業段階は綿織の西日本と製糸・絹織の東日本の二系列を内陸部まで伸していった。とくに国内原料に依拠した東日本でその傾向がつよかった。

しかし１９３０年代からの重化学工業化、軍需産業化は四大工業地帯を形成するようになった。戦後の第一次高度成長（１９５５~60年）はこの既成四大工業地帯から始まった。図４−１にみるように、この時期、県民所得格差は大きかった。人びとはこの傾斜を滑り落ちるように四大工業地帯に吸収されていった。集団就職列車が走り、次三男女の就

図4-1　１人あたり県民所得の格差と３大都市圏への転入超過数の推移

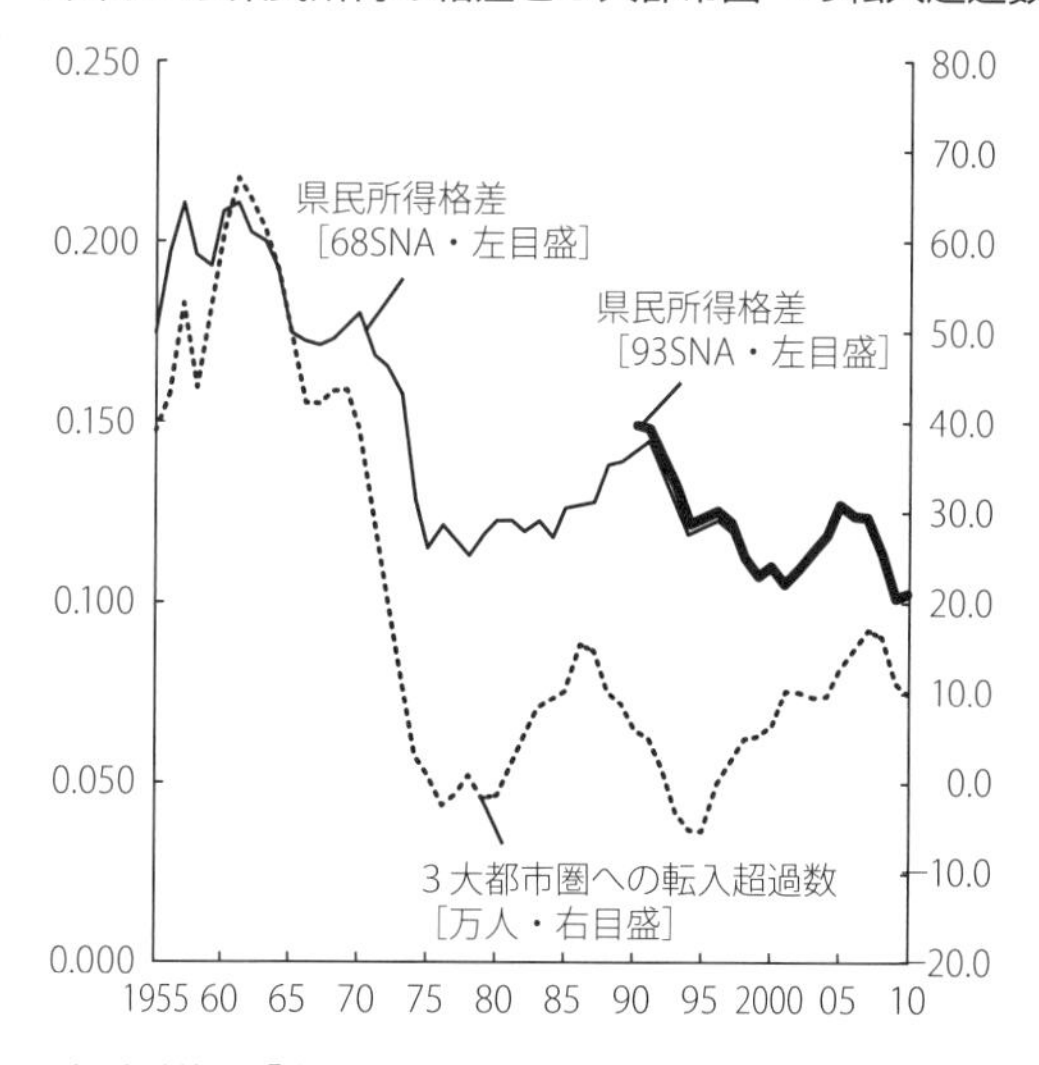

出典：「県民経済計算」「住民基本台帳人口推移報告書」
注１：県民所得格差の数字は変動係数。1971年までは沖縄を含まない。
県民経済計算の算出方法は途中で68SNAから93SNAに変更されており、両者の数値が公表されている期間については２種類の数値を示した。
３大都市圏は、埼玉・千葉・東京・神奈川・愛知・京都・大阪・兵庫。
注２：橋本健二『「格差」の戦後史［増補版］』青木書店、2013年、224頁より引用。

職転出、一部の挙家離農、それができない人達の出稼ぎの時代だった。これが過疎過密問題としての地域問題の始まりである。

第一次高度成長は60年代前半に一時頓挫するが、60年代後半には第一次を上回る第二次高度成長（1965〜70年）が始まった。第一次高度成長は技術革新投資という重化学工業の質的転換を軸としたが、第二次高度成長は大型化・量産化投資という量的拡大を軸にした。第二次高度成長の地域経済的な特徴は、高度成長が既成四大工業地帯からにじみだし、地域波及をともなったことだ。四大工業地帯における過密が強まり、早期に労働力「不足」が始まる下で、安い労働力・土地・水を求めて工業の地方分散が強まった。それは新産都市建設等を通じて一部の内陸部工業都市をうみだしたが、主流は、四大工業地帯の間を埋め、その外延部に拡張する形での、鹿島から北九州にいたる太平洋ベルト地帯を形成したことだ。

63年から農家労働力の流出は就職転出よりも在宅通勤が主になり、総兼業化時代が始まる。1972年には1人当たり家計費は農家が非農家をうわまわる逆格差が発生することになった。図4−1でも県民所得格差は1965〜70年には高止まりしていたが、70〜75年にかけて急速に縮んでいく。

この太平洋ベルト地帯の形成によって日本の国土利用構造は固まった。例えば農業については、太平洋ベルト地帯の中枢都市内では都市農業地帯、太平洋ベルト地帯を中心に北陸等に拡がる水田地帯では兼業稲作地帯、そこから外れる遠隔地（北海道、南九州等）の畑作原料生産・園芸作地帯、そして中山間地域農業である。また例えば原発は見事に太平洋ベルト地帯の外側に立地させている（唯一の例外である浜岡原発はいち早く停止）。

太平洋ベルト地帯の形成は、その他地域との巨大な格差の構造化でもあった。そこで格差是正のために、全国総合開発計画、経済成長政策、社会保障政策が講じられていく。順次、その成否をみていく。

全国総合開発計画――拠点からのトリクルダウン

太平洋ベルト地帯と格差構造の形成は、基本的に企業の市場メカニズムに基づく立地選択の結果だった。その地域格差に対する地域からの反発に対して、国は一次から四次にわたる全国総合開発計画を樹立し、「国土の均衡ある発展」を図ろうとした。

しかし全総による拠点開発方式や遠隔地工業立地政策は功を奏さず、もっぱら太平洋ベルト地帯をつなぐ、あるいは遠隔地から太平洋ベルト地帯に出る交通網の整備に利用され、土建国家の形成に結果した。交通網整備は、中心から外延への高度成長のトリクルダウン効果ではなく、ストロー効果（整備された道路を伝ってベルト地帯へ人口流出）を生むのみであった。

そもそも政策・計画の立案者達は、国家政策に「市場性を乗り越える」力を求めていた。市場性とは市場メカニズムに即した企業立地である。しかし全総レベルの計画・政策では「企業の市場性になかなか勝てない」ことの証明に終わった(3)。もっと高次の理念――例えば「計画なくして開発なし」や分散型国土利用の理念――のタイミングを失しない時点での樹立が必要だった（その時期は日本で言えば高度経済成長期以前、戦後改革期あたりだろう）。

また地域格差の是正には工業再配置だけでなく、地方交付税、農業補助金、生活保護、失業対策といった再配分効果が「非常に利いている」(4)。これは開発の権化とあがめられてきた人（下河辺淳）

の言である。現実には「農業保護をやめようとか、臨調等で規制緩和等が言われるでしょう。だから、格差が拡大しつつあるわけです」(5)。

加えて1980年代から市場メカニズムのグローバル化(グローバリズム)が追及されるようになる。図4－2によっても80年代から格差は急拡大する。

遅ればせながら2005年には国土総合開発法が国土形成計画法に代えられ、08年には国土形成計画がつくられたが、それは計画というよりは言葉と手法の羅列である。計画としては依然として、1998年制定の「新しい全国総合開発計画」すなわち「21世紀の国土のグランドデザイン」がいきているように思われる。その最大の特徴は敢えて「五全総」と名乗らなかったこと、すなわち「幻の五全総」の点にある。

それまでの全総を一貫した「国土の均衡ある発展」は、国土という「閉じられた系」のなかでの追求目標だった。そこに「開かれた系」としてのグローバリゼーションが押し寄せる。企業は国内均衡的にではなく世界最適立地をめ

図4-2　所得格差の推移（ジニ係数）

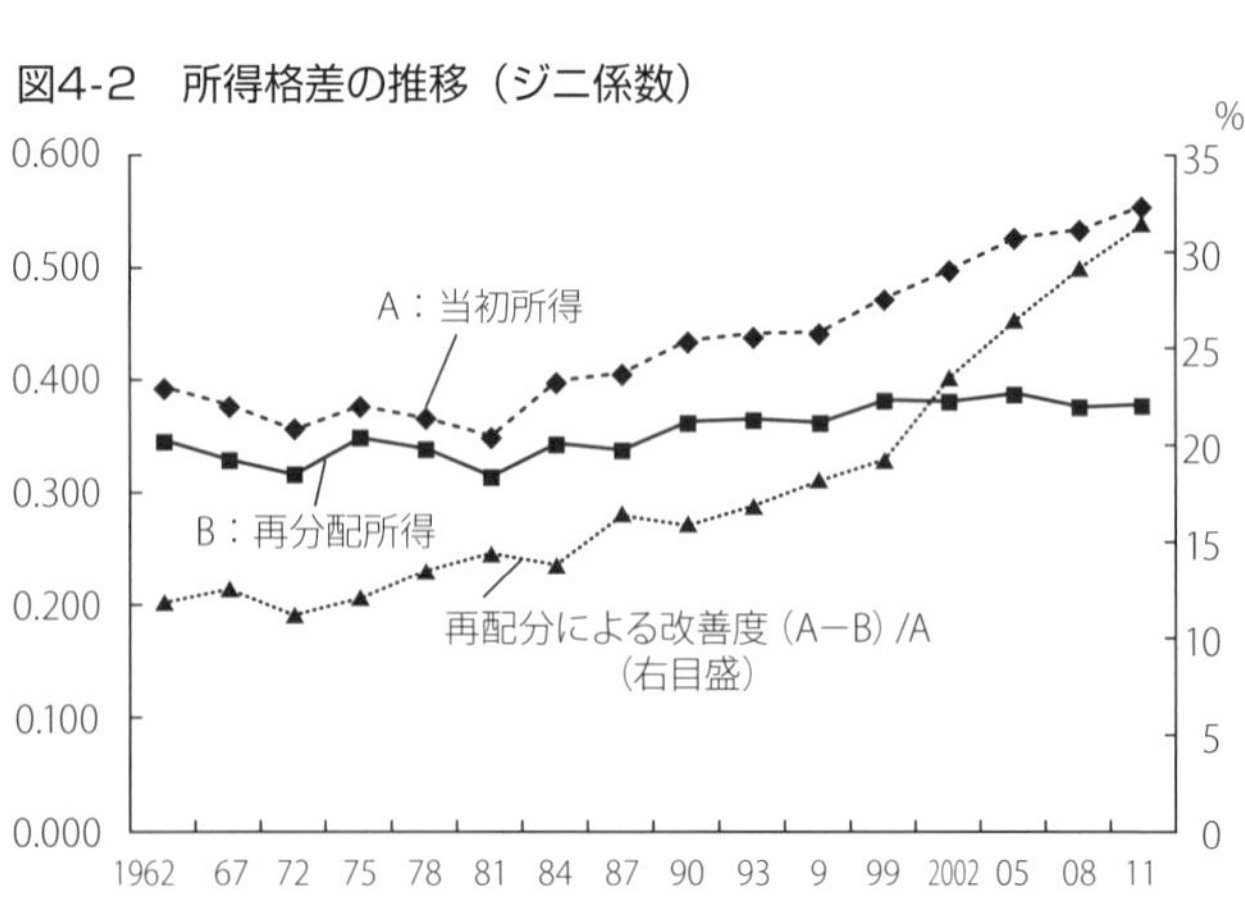

注：原資料は厚労省「所得再分配調査」。

ざすようになり、「国土の均衡ある発展」＝「地域格差の是正」は放棄されざるをえない。代わって「地域」に別の意味を付与しようというのが、「幻の五全総」のレトリックである。曰く「多軸型国土構造」、曰く「多自然居住地域」……。

だが、気の利いた言葉遊びでは地域格差は是正されない。そこで登場するのが「地方創生」政策だが、予め言えば、そこにあるのは拠点を浮揚させれば周辺地域にトリクルダウン（したたり落ち）、格差が是正されるという相変わらずの「トリクルダウン」効果への期待である。

経済成長と地域格差

こうして〈成長戦略→中枢拠点都市の浮揚（拠点開発）→周辺地域へのトリクルダウン〉というアベノミクス「神話」の原型ができあがる。しかし経済成長では地域格差は是正されない。なぜか。

図４－１で格差の拡縮と三大都市圏への人口集中の緩急がほぼ平行していることが分かる。問題はその時期別推移である。やや煩雑になるが、８期にわけてみたい。①１９５５～60年、第一次高度成長期、格差拡大、人口集中、②60～70年、第二次高度成長期、格差は高位だが縮小、人口集中鈍化、③70～75年、低成長移行期、格差急縮小、人口集中大幅鈍化、④75～85年、格差横ばい、人口は再集中、⑤85～90年、バブル期、格差再拡大、人口集中は鈍化、⑥90～２０００年、バブル崩壊・平成不況期、格差縮小、後半には人口集中、⑦２０００～05年、いざなぎ超え景気、格差拡大、人口集中、⑧05年～、デフレ期、格差縮小、人口集中鈍化。

細かく見たのは、景気変動と格差の収縮、人口の集中・鈍化がみごとに照応していることを確認したいからである（人口集中は格差の収縮とややタイムラグをもつ）。唯一の例外は②である。この時期は高度成長の再現期でありながら格差は縮小、人口集中は鈍化している。その前の①期の格差拡大は地域格差の拡大というよりは、農工間所得格差の反映とみた方がいいかもしれない。それに対して②期に格差が縮小するのは、それが高度成長が四大工業地帯から地方へ溢出した時期だったからである。高度成長の地方波及により県民所得というマクロで見た地域格差は縮小した。

しかしそれは日本の地域格差の構造的固定化の時だった。前述のように第二次高度成長は四大工業地帯の間を埋め、その外延を鹿島まで拡大した。こうして鹿島から北九州にわたる太平洋ベルト地帯ができあがった。「幻の五全総」は「我が国近代国家的地域像となった太平洋ベルト地帯」としているが、それは正確ではない。日本の「近代」がつくったのはせいぜい四大工業地帯までである。その「点」を「ベルト」にしたのは第二次高度成長（大型化投資、量産化投資、すなわち投資の外延的拡大）だった。つまり「近代」ではなく「現代」なのである。

さらにグローバル化期（金融資本主義期）に太平洋ベルト地帯のなかで富士山のように屹立するようになったのが、グローバル・シティ＝首都圏である。その時代には太平洋ベルト地帯の新人王・静岡県ですら人口社会減ワースト2（一位は北海道）になってしまった（朝日新聞、2014年5月12日）。

このような二段階を経て、日本の国土は〈首都圏─太平洋ベルト地帯─その他地域〉に三層化した(6)。このような構造ができあがってしまったその下では、経済成長はものづくり的なものであれ（太平洋ベルト地帯）、カネころがし的なものであれ（首都圏）、〈首都圏─太平洋ベルト地帯〉の外には出ない。岡田知弘は、地方で生産した富が東京本社に吸い上げられてしまう構造を見事に描き出したが（『地域づくりの経済学入門』自治体研究社、２００５年）、そもそも太平洋ベルト地帯以外では、ＧＤＰレベルの富を形成する機会が奪われているのである。

その証拠が、経済成長−格差拡大、低成長−格差縮小という先の時期的変化である。経済成長は太平洋ベルト地帯にのみ現れ、その他の地域では微弱である。

ゼロ成長でいいとは思わない。インフラの技術革新的な整備には一定の成長が必要である。しかし太平洋ベルト地帯が構造的にできあがってしまった後では、成長は地方には波及しない。せいぜい経済成長を原資とする公共事業が地域格差の拡大を防いできたというのがこれまでの通説だが、小泉構造改革で地方の土建企業は潰されてしまい、ゼネコンだけが受注能力をもつとすれば、国土強靭化法で潤うのも東京のゼネコンだけである。

こうした構造の下では、県庁所在都市（県都）＋アルファ程度の中枢拠点都市もいずれ「静岡化」をまぬがれないだろう。

社会保障給付による地域格差の是正

全国的なジニ係数の推移をみたのが先の図４−２である。グローバル化期に当初所得も再分配所得もジニ係数が高まり、格差が拡大しているが、再分配による改善度は上昇している。

なお図示は略すが、関東Ｉと東海は20世紀には再分配係数（表４−１の注を参照）はマイナスだった。すなわち再分配所得∧当初所得で、持ち出しが大きかったが、21世紀にはプラスに転じている。これらの地域さえ再分配の恩恵を受けるようになっているのである。

地域別に格差状況をみると表４－１の通りである。所得再分配調査は３年おきになされ、２０１１年は東北が東日本大震災のために空欄なので、２００８年と２０１４年を比較した。

これによると、まずこの６年間に所得の絶対水準が当初所得で12%、再分配所得でも７%も落ちていることが注目される。この調査はいうまでもなくサンプル調査で絶対水準をみるものではないが、この間に所得水準がかなり落ち込んだことが分る。

当初所得は、最高の関東Ⅰ＝１００に対して、最低は２００８年は南九州で54・９、２０１４年は北九州で63・３だった。それに対して再分配所得は東海＝１００に対して２００８年は南九州68・８、２０１４年は北九州77・

表4-1　地域ブロック別所得再分配状況（2008年・2014年）

単位：万円、%

地域ブロック	当初所得（A）		再分配所得（B）		再分配係数（B－A）/A	
	2008	2014	2008	2014	2008	2014
総数	445.1	392.6	517.9	481.9	16.4	22.7
北海道	422.4	346.2	451.2	413.0	6.8	19.3
東北	421.3	354.8	537.9	469.3	27.7	32.3
関東Ⅰ	529.8	486.5	563.2	534.6	6.3	9.9
関東Ⅱ	499.0	345.1	543.9	463.0	9.0	34.2
北陸	428.1	419.4	558.6	524.5	30.5	25.1
東海	529.1	460.7	587.2	542.5	11.0	17.8
近畿Ⅰ	383.5	358.7	486.9	444.0	27.0	23.8
近畿Ⅱ	418.8	346.3	464.6	462.4	10.9	33.5
中国	408.1	350.6	507.2	476.2	24.3	35.8
四国	355.7	315.2	489.9	404.7	37.7	28.4
北九州	368.5	307.7	446.2	447.7	21.1	45.5
南九州	290.9	331.1	404.1	417.8	38.9	26.2

注１：関東Ⅰ…埼玉・千葉・東京・神奈川、関東Ⅱ…茨城・栃木・群馬・山梨・長野
近畿Ⅰ…京都・大阪・兵庫、近畿Ⅱ…滋賀・奈良・和歌山
注２：厚労省「所得再分配調査」による。

０で、地域格差がやや縮んでいる。

その是正の度合いが再分配係数だが、それは２００８年では南九州をトップに、四国、北陸、東北、中国で高い。２０１４年では北九州がトップで、中国、関東Ⅱ、近畿Ⅱ、東北で高い。両年とも概して当初所得の低い地域の再分配係数が高くなっていると言える。社会保障費・税や社会保障給付（年金、医療給付等）による是正がみられるわけである[(7)]。

県ごとの世帯所得のジニ係数（県内格差の大きさ）をみると[(8)]、２０１２年に０・４を超すのは北海道、東北諸県、東京、石川、山梨、京都以西（広島を除く）である。東京を除けば再分配係数の高い地域とかなり重なる。

要するに、地域間格差の大きい（所得の低い）地域は、同時に地域（県）内世帯所得格差も大きく、それを社会保障給付で多少とも是正しているのが日本の現状である。そのなかで東京は平均所得は高いが、その下で格差という深い亀裂を抱えている。グローバル・シティに共通する特徴である[(9)]。

以上から、経済成長と社会保障給付の削減は地域格差拡大的に作用するといえる。しかるに安倍政権は、アベノミクス成長戦略と医療・介護改革法による社会保障給付の削減により、まさにその方向に作用する。

このような「国土の均衡ある発展」「拠点成長のトリクルダウン」「社会保障政策による格差是正」の破綻・否定の果てに登場するのが安倍「地方創生」政策である。それは過去をのり越えることになるのか、過去の焼き直しに終わるかが問われる。

3 「地方創生」の論理と現実

地方創生の目的——建前と本音

２０１４年2月の施政方針演説の冒頭で、安倍首相は、「国民みんなが心をひとつにして、国力を盛んにするならば、世界で活躍する国になることも決して困難ではない」という、欧米列強の姿を目前にした岩倉具視の言葉を引用し、「明治の日本人に出来て、今の日本人に出来ないわけはありません」と断じた。そこに見える安倍政権の究極目的は「国力を盛んにすること」「世界で活躍する国になること」である。

「まち・ひと・しごと創生本部」（地方創生本部）の「まち・ひと・しごと創生長期ビジョン」（２０１４年12月）は、冒頭「日本の人口の現状と将来の姿を示し、人口問題に関する国民の認識の共有を目指すとともに、今後、取り組むべき将来の方向を提示する」とする。つまり国・中央から見た「地方創生」のメイン・テーマは人口問題だというわけである。

では「国を盛んにすること」と人口はどう結びつくか。〈経済成長率＝就業人口×一人当たりＧＤＰ〉だから、人口こそ経済成長・国力の源泉である。そして地方は首都圏より合計特殊出生率が高く、その限りで出生期の人口を地方に移すことは人口増につながり得る。かくして「地方こそ成長の主役です」となる。

「長期ビジョン」では２０３０～40年頃までに出生率が２・０７（人口維持できる置換率水準）まで回復すれば２０６０年に総人口１億人程度を確保し、２０９０年頃に定常状態になるとしている。また

２０５０年に実質成長率１・５～２％程度が維持されるとしている。

しかし国内総生産（ＧＤＰ）を指標にすることには一つの疑問がある。人口は確かに成長要因だが、グローバリゼーション・多国籍企業帝国主義の時代には国内の総生産（made in Japan）が絶対指標ではなくなり、海外からの所得純増を含む「国民総所得」（ＧＮＩ）こそが最終目標になるからである。

ＧＮＩ追求の立場に立てば、端的に言ってグローバル・シティには英語とコンピュータに強いグローバル人材とそれにサービスを提供する人口だけが残ればいいのであって、あとの人口は彼らの快適空間を乱す過密要因に過ぎず、「地方にＩターンしてくれて結構、できれば要介護人口を連れて」というのが本音である。

とはいえ、ＧＮＩは内部留保されたり海外に再投資されてしまうので、ＧＤＰが増えないことには国民の支持がえられず、政権がもたない。しかるにこれまで日本の経済成長を支えてきた輸出産業はＧＮＩを求めて海外進出してしまったので、国内に残るのは内需産業（農業・教育・医療・福祉・エネルギー）が主になる。そこで施政方針演説も、農業に続いて、医療、エネルギー、研究（教育）をとりあげる。これら内需産業への企業参入を阻む「岩盤規制」を取り払うことと並んで「地方創生」が追及されることになる。

以上が「地方創生」の建前上の目的である。しかし前述のように行き過ぎたグローバル化と成長第一主義から脱しない限り、地域格差と首都圏一極集中を阻止することは不可能である。

ならば「地方創生」の本音は何か。２０１４年末の総選挙に向けた自民党の「政権公約２０１４」は、「道州制の導入に向けて、国民的合意を得ながら進めてまいります。導入までの間は、地方創生の視点に立ち、国、都道府県、市町村の役割分担を整理し……」と述べている。さらに2016年夏の参院選に向けた自民党「総合政策集2016 J－ファイル」（2016年6月）は、「導入までの間は」以下を「地域の自主自立をめざして活力を発揮できるよう、地方公共団体間での広域的な連携の取組みの後押しを図るため、広域連合の活用、道州制特区法の活用などを検討します」としている。つまり地方創生は道州制の露払いの位置を与えられているのである[10]。

では道州制は何をめざすか。「J－ファイル」は道州制について「従来の国家機能の一部を担い、国際競争力を持つ地域経営の主体として構築する」としている。要するに、道州は自治の担い手ではなく人口扶養・国力増進という国家目的の下請け地域経営体の創出であり、当面それは「国土のグランドデザイン2050」でも強調されたように「広域連携」に具体化されるわけである。

地方創生の論理

「地方創生」をめぐっては様々な論があるが、結論は代わり映えしない。

第一は、新自由主義的「地方創生」論である。論者は言う。「東京一極集中に歯止めをかけるべきだ」「国土の均衡ある発展」などという議論が、成長を止め、日本を衰退に導いた。「人口は、全国の小都市から、東京の内外を問わず全国の大中都市へと移動した。（中略）小都市の人口減少に対応して、過疎地の自治体の消滅をスムーズに進めるためには、特色ある中都市を全国的に強化することが確かに役立つ」[11]。いわば市場メカニズムのおもむくままに人口配置し、中都市を強化することこそが「日本をとりもどす」ことになるという市場メカニズム万能論である。

第二は、地方中核都市拠点型「地方創生」論である。増田寛也編『地方消滅』（中公新書、２０１４年）論がそれである。「限界集落」論などのように、地域を「限界」と規定した時点で、次に「消滅」がくることは論理的必然だが、増田のそれは消滅予測自治体を名指ししたあくどさが売りで、ショックドクトリンの引き金を引いた。内容的には第一と同じ新自由主義的な「選択と集中」論にたって、人口20万以上の「地方中核都市」を「選択」し、そこに政策投資を「集中」することで「人口のダム」を築き、周辺人口をそこに撤収させて、地方消滅を堰き止めようとするものである。彼自身は中核都市以下の都市の存在を否定したわけではなく、そこについてはコンパクト・シティ化や「小さな拠点」など政府案に同調している（53～54頁）[12]。

第三は、重層拠点型「地方創生」論である。「国土のグランドデザイン２０５０」から先の「創生長期ビジョン」「総合戦略」に至る政府案である。増田も創生本部のメンバーであり、そこには彼（日本創成会議）の意向も反映されているとみるべきだろう。それは次の三～四つの拠点形成をめざす。

①「高次地方都市連合」（グランドデザイン、後に「連携中枢都市圏」に名称統一）……生活拠点となる10万人以上の都市からなる複数の都市圏が相互に1時間圏とすることで一体化する概ね30～50万人程度の都市圏、全国60～70か所で、総務省のそれまでの「地方中枢拠点都市圏構想とも連携」とされる。連携の拠点となる都市の要件は総務省によれば人口20万以上、昼間人口＞夜間人口で現在は61市。２０１４年のモデル事業での拠点都市は、盛岡、姫路、倉敷、広島、福山、下関、北九州、熊本、宮崎である。

②「定住自立圏」……総務省が２００９年度から取り組んでいる、４万人超の市が中心となり周辺自

治体と提携策の協定を結ぶもので、84地域になっているが、地方創生戦略では20年度までに140地域にする目標を掲げる。

③「小さな拠点」……「商店・診療所など日常生活に不可欠な施設や地域活動を行う場を、歩いていける範囲に集め、周辺地域とネットワークでつないだ『小さな拠点』」「国土の細胞」で、中山間地域やオールドニュータウンにも当てはまり、全国5000箇所程度。周辺集落とのアクセスは、当面は配達サービスやディマンドバス、乗合タクシー等で対応（グランドデザイン）。

④世界最大のスーパー・メガリージョン（リニア中央新幹線で首都圏・中部圏・近畿圏が一体化）で国際競争力強化。

要するに、〈首都圏（東京圏）－スーパー・メガリージョン－連携中枢都市圏－定住自立圏小さな拠点－周辺集落〉という地域重層構造である。

以上、三つの論をみてきたが、「中都市」（八田）、「地方中核都市」（増田）、「連携中枢都市圏」（政府）の名称は違え、ほぼ同じ規模の都市を「拠点」として「選択」することで地方の人口減・崩壊を防ごうという論理は同じである。すなわちそれは、拠点の開発効果を周辺にトリクルダウンする高度成長期の「攻め」の「拠点開発」論の今日版（人口減少期版）としての、「守り」の「拠点ストッパー」論ともいうべきものである。

そのうえで違いが二点ある。第一は、増田の1拠点（1段ダム、地方中枢都市）案に対して、政府は複数拠点（2～3段ダム、連携中枢都市圏、定住自立圏、小さな拠点）である。政府は統一地方選等を控えて露骨な選別（切り捨て）論は出しにくい。そこで「あれもこれも」となって分かりにくいが、そういう政治的配慮をとりはらえば、両者は接近する。

第二は、手法の違いである。増田は「拠点への撤収」であり、政府は「拠点との連携」である。政府案のなかで「定住自立圏」はすわりが悪い。それと「連携中枢都市圏」との共通項は「連携」である。「連携」は2014年地方自治法改正による「連携協約」で法的に裏付けられることになった。「拠点への撤収」も「連携」の一つの形でありうるとすれば、両者には共通項もある。

「小さな拠点」も、全国5000といえば、ごくアバウトにいって昭和合併村＋α程度の数であり、「歩いて行ける範囲」は小学校区（＝明治村）であって、日常生活の地域単位としての「周辺集落」はそれと「連携」する位置に置かれる。

「連携」という言葉は対等平等のイメージをもつが、拠点に機能集積し、その効果を周辺にトリクルダウンする点では「拠点開発」に通じる「選択と集中」の論理である。それは現にある地域をそれとして守ろうとする論理ではない。

地方創生政策の現実——地方版総合戦略

安倍内閣は2014年9月、石破茂を地方創生担当相に任命し、「地方政策に関わる権限を集中」させることとし、「まち・ひと・しごと創生本部」（地方創生本部）を立ち上げ、2015年春の統一地方選に間に合わせるべく「まち・ひと・しごと創生法」を2014年11月に公布した。併せて地域再生法が改正され、コンパクトシティ化や地方創生のための農地転用緩和が盛り込まれた。「まち・ひと・

しごと創生基本方針検討チーム報告書」（2015年6月）で具体化を図り、それらに基づいて「まち・ひと・しごと創生長期ビジョン」「まち・ひと・しごと創生総合戦略」が策定された。

「ビジョン」では、「東京圏は、日本の成長のエンジンとしての重要性は変わらず、今後は世界をリードする『国際都市』として発展していくことを期待」し、「地方創生は、日本の創生であり、地方と東京圏がそれぞれの強みを生かし、日本全体を引っ張っていく」としている。東京圏と地方は「車の両輪」のようにうたわれているが、東京圏が「成長のエンジン」なら、「地方」はそのエンジンで回転させられる車輪という位置づけになろうか。

それでも両者が併進できるならそれでいいが、上原が言う「中央」と「地方」の関係にならないか。現実にアベノミクスにもかかわらず、「地域経済も消費の回復に比べ遅れている」「労働生産性をみると、地方は引き続き低い水準にあ」る。そこで「『地方創生の深化』によりローカルアベノミクスの実現を目指す」としている（「報告書」）。以上からは労働生産性向上的経済成長（「ローカルアベノミクス」）への傾斜が強く見られる。

このような「ビジョン」とともに打ち出された政策として、第一に、国家戦略特区に「地方創生特区」が追加された(13)。第二に、統一地方選をにらんだ「地方と消費」のピンポイント対策として、2つの交付金が目玉として設けられた。一つは、消費喚起・生活支援型2500億円で、地元で使える商品券、灯油・ガソリン代補助、地元のホテル代や特産品の割引、もう一つは地方創生型1700億円（企業誘致、I・Jターン促進）で、2015年度地方財政計画におけるまち・ひと・しごと創生事業費1兆円の創設につながるものとされた。その他に地方創生関係ではふるさと納税推進、ふるさと名物開発・販促、若者の就農支援等がある。

以上の政策については、相変わらずの商品券や企業誘致という「決定打」に欠けるものであり、前項でみた全国総合開発計画が巨額を投じても変えられなかった人口の流れを変えようというにはあまりに少額の支出なのに驚かされる。

他方では、文科省は２０１５年初に、徒歩で小学校４km、中学校６km以内だった学校区をスクールバスで1時間以内に拡げる方針を打ち出した。小学校区≒明治村、中学校区≒昭和村だとすれば、それらはまさに「歩いていける範囲」として、地域づくりの「小さな拠点」になるものだが、これから「地域づくり」をしようとする最中にその拠点を奪う措置に他ならない。

さて、地方創生法では、国のビジョンを踏まえて、都道府県、基礎自治体は２０１５年度内に今後５か年についての「地方版総合戦略」を策定することとされた。策定自体は努力規定だが、その出来栄えに応じて競争的に交付金を獲得できる仕組みである[14]。すなわち国は「頑張る地域」を支援するという視点で「より先進的な取組みにはより手厚い支援を行います」(石破担当相、『農業と経済』２０１５年5月号の対談での発言)としている。その選別基準は「地域の企業・産業における付加価値の向上を中心に生産性を高め、……労働生産性の向上を基本的な効果測定指標」とするものである(前述の「報告書」６頁)。手法的には１９６０年代の新産都市建設にみられた申請・選別主義を踏襲しつつ、新自由主義時代の競争・評価手法を加えるものである。

「地方版総合戦略」の策定にあたっては、国はわざわざ「地方版総合戦略策定のための手引き」(２０１５年1月)というマニュアルを作った。そこでは「地方版総合戦略は人口減少克服・地方創生を目的としています」ので、自治体の「総合計画等とは別に策定してください」と断りつつ、後者の見直しに当たって前者が盛り込まれていれば「一つのものとして策定することは可能」としている。また「すべてが新規の施策である必要はなく」既存政策のうち「効果の高いもの」は含まれても可としている。要するに従来からの自治体の総合計画の地方版総合戦略化であり、後者による総合計画の選別化である。

手順としては、まず「地方人口ビジョン」を策定し、次に基本目標を設定する。それは「国の総合戦略でいえば」、ⓐ仕事づくり、ⓑひとの流れ、ⓒ結婚・出産・子育て、ⓓまちづくり、だとしている。とくにⓐは「まち・ひと・仕事の好循環を生みだす重要分野」として「十分に位置づけることが必要」とされる。またⓓには「国土のグランドデザイン２０５０」のキーワードである「地域連携」が含まれ、複数の市町村が共同で総合戦略を策定することも可としている。そして数値目標の重要業績評価指標（ＫＰＩ）による評価と、それを含むＰＤＣＡサイクルの確立が求められる。

２０１５年度末に各自治体の戦略が本部に集約された。その県レベルでの計画をみると(15)、まず人口ビジョンでは、２０１０年の人口に対して２０６０年の人口見通しがプラスの県は沖縄のみ、減少率が10％以内にとどまるのは首都圏と新潟、愛知、滋賀ぐらいで、他方では30％以上減る県として青森、岩手、山形、島根、鹿児島、秋田が挙げられる。また国は２０２０年までに首都圏と地方圏の社会増減の均衡を図るとしているが、首都圏、愛知・滋賀、京阪、福岡、沖縄が将来的に社会増を想定し、その他の県は均衡が遅れるか達成できない、あるいは不明である。要するに道府県からの積み上げでも人口の首都圏、大都市圏集中は止まらない（現実には２０１６年にも人口の首都圏集中は続いている）。

取組みの多い政策分野を、47都道府県のうち何県がとりあげたかの割合でみると、雇用創出では農業

98％、林業79％、漁業75％、観光98％、企業誘致89％が多く、多くの県が取り組もうとしているのが農林漁業、観光、企業誘致[16]であることが分る。

ⓑでは県内就職率66％、移住相談49％、Ｕターン就職47％、インターンシップ45％である。ⓒについては保育77％、職場環境改善77％、婚活68％である。ⓓになると、介護、医療、自主防災は６割前後になるが、「まちづくり」や地域連携は１～３割と低調であり、国と地方のミスマッチが際立つ（連携は市町村レベルの課題ともいえるが）。

２０１７年２月３日に地方創生拠点整備交付金５５６億円が６０９自治体、８９７事業に交付された。分野別には雇用創出４８７、まちづくり２３６、移住促進１５６、働き方改革18と伝えられる（日本農業新聞２月４日）。先の県レベル政策に比して「まちづくり」のウエイトが高い。

中間的まとめ

政策評価には基礎自治体レベルの地方版総合戦略の分析が欠かせないし、５年間の実施期間の成果を見る必要があるので、ここでは中間的な評価にとどめる。

第一に、ほんとうに地域づくりの力を引き出すには地域の自主性が欠かせないが、地方創生政策では、県は国の総合戦略を「勘案して」県版総合戦略をたて、市町村は国・県の総合戦略を「勘案」して自らの戦略をたてることとしており、国→県→市町村という上位下達関係にあり、自主性を尊重しているようには思われない。

その一因は、「人口減少に歯止めをかける」ことが地方創生の大目的になっているからである。人口は何よりも一国の人口としてとらえられる。それを維持するために地方は何をすべきかという問題の立て方になる。そのためには出生率の低い首都圏から出生率がより高い地方に人口を移すことが手っ取り早い。

前述のように、これまでの全国総合開発計画は「国土の均衡ある発展」により地域格差を是正することにあった。グローバル化でそれが破綻するなかで、計画の目的を地域格差是正から人口増に差し替えた。それが地方創生政策の実態であり、そこには自治や自主がもつ力は顧みられない。

第二に、戦略は1年で策定すべきとしている。これまで何十年にわたり解消どころか拡大してきた地域格差、人口減少を逆転させる計画を1年で策定するのは土台無理であり、自治体としては住民の声を聞くことなく住民動員型の計画策定でお茶を濁すしかなく、それで実効性を図ることは不能である。石破大臣（当時）は、「来年度中という期限を少し延ばしてはどうかというご議論はたしかにあります。しかし、そうおっしゃる自治体の首長の方々には、これまで日頃一体何をされてきたんですか、と問いたくなります」と語気を荒げている(17)。だからこそ、多くの自治体は、「日頃」の総合計画等を手直しして間に合わせたのだといえる。前述のように、県レベルではあるが、雇用創出、そのための農林水産業、観光、企業誘致というそれ自体確かな、しかし代わり映えのしないメニューが出そろうことになったのではないか。

４　持続可能な地域をめざして

地方創生の論理を逆転させる

第一に、市場メカニズムとグローバリゼーションを前提した成長志向にたつ「地方創生」は、地域格差を極端化するだけだとした。地域再生には市場メカニズムを前提としつつも、別の論理に立つ必要がある。今日、「地方創生」の前提としての「地域崩壊」に対して「田園回帰」の現象・志向が対置されている(18)。「田園回帰」は一極集中のメインストリーム自体が変わったというのではなく、地域を維持するに足る「田園回帰」が生じていることに着目したものといえる。市場メカニズム万能に沿ったメインストリームに対する逆流現象だが、それは市場メカニズム万能と異なる論理や志向に立つものだろう。「地域再生」もまた、〈市場メカニズム→経済成長〉とは異なる、「自治と協同」の論理に基づくものと言える。

第二に、地方創生は産業政策と地域政策の峻別にたっている。初の地方創生相に就いた石破茂は、政権交代前の自民党政権末期の農水相だったが、次のように回顧している。「産業政策としての農政と地域政策としての農政は分離すべきであり、実質的に行政の一翼を担ってきた農協は、それに応じて『専業農家を中心とする農業者を主体とした本来の農協』と『地域の維持発展を目的とした地域組合』に分化すべき……このような問題意識から、（麻生内閣の）農水相在任当時に『地域マネジメントを目的とする協同組合』を目指した『地域マネジメント法』の立案に着手したのですが……」（２０１５年６月記者会見）。彼とすれば、農協「改革」は「全中や中央会の存続の是非などという問題に矮小化されるべきでない」として、暗に官邸を批判している。

そしてこのような「産業政策」と「地域政策」の峻別、前者への「社会保障的要素」の「混入」の排除は新自由主義的農政の根底をなすものといえる(19)。そのなかで石破の考えは、総合農協の職能組合化をめざす農協「改革」と発想を同じくし、職能組合以外の部分の受け皿を「地域マネジメント組合」として用意する点で、一歩抜きんでている。石破が初代の地方創生相になったのは、首相のライバルと言う政治力学もあるが、適役でもある。

しかし「地域（コミュニティ）」とは何か。それは定住者を核とする社会である。もちろんそこに転出入があってよいが、核は地域から離れられず、地域生活に責任を持たざるを得ない定住者である。バーチャル・コミュニティや、「地方消滅」に対して「二カ所居住・多地域所属」が提唱されたりしている。しかしその当事者にはコミュニティ・地域選択の自由がある。いやなら離れればいいし、別の選択をすればよく、その意味で地域への一蓮托生の責任が無い。地域の持続性確保には定住者を核とし、定住者の生活維持が根本に据えられるべきだろう。

その時、産業政策と地域政策、産業のための協同と生活協同を峻別することはできるだろうか。先の県レベルの政策分野としても農林水産業の振興が地方創生のトップに上がっていた。過疎対策、山村振興対策に巨額が投じられながら、過疎を食い止められなかった背景の一つに、とくに前者が生活基盤の整備に傾斜し有効な産業政策（稼得機会の創造）を打ち出し得なかった経験がある。所得があれば、多少不便な地域でも人は定着する。

「地方創生」は、各種の地域雇用政策を打ち出しているが、肝心の雇用機会の創出については、相変わらず企業移転等への期待が強い。それに対してもういちど、地域資源に根ざし、それらに基づく協同を事業化する動き、その政策支援、国レベルでの地域格差是正的な所得再分配政策の重要性を見直すべきである。

地域分散型ネットワーク社会

金子勝の「地域分散型ネットワーク社会」はその課題への一つの回答である。グローバル化は技術的には情報通信革命がもたらした。コンピュータは瞬時に世界を結び、都市と農村を結ぶ。多品種少量生産を可能にする。そのような時代に地域は思い切り個性的でなければ世界にアピールできない。そして人間のエネルギーである食料も自然エネルギーも「地域資源」（植田和弘他『国民のためのエネルギー原論』日本経済新聞出版社、２０１１年）である。

しかし現実には多国籍企業主体のグローバル化のなかで、そのような地域資源やそれに基づく生産は「限界集落」のごとくに持続可能性を問われている。かくして地域の課題は、いかに地域資源生産を持続可能にし、地域分散型ネットワークシステムの中に自らを位置付けていくかである。それは現実の営みの中でしか捉えられない。「ふるさと納税」には批判が多いが、地域特産等を利用したネットワークシステム作りの一つの試みと位置付けられないこともない。

集落営農

高齢化が進むなかで「限界集落」ならぬ「限界農業」に追いやられた地域農業が反転攻勢に出たのが

集落営農だ[20]。一戸一戸の農家では完結・維持し得なくなった営農を地域ぐるみで協業するのが集落営農である。協業は参加者の年齢により、相対的に若い（といっても60代か）層が機械作業をオペレーターとして担い、相対的に高齢層（60〜80代か）が水・畦畔管理を担う形で仕組まれる。「キョードー」には「共同」「協働」「協同」いろいろな漢字がある。そのうち「協同」はco-operateすなわち「ともに（営利）事業を行なう」ことだ。集落営農はそういう「協同」の一形態であり、そこにはオペレーターや地域資源管理だけでなく「経営（者）」の要素が加わる。

そもそもなぜ集落営農を始めたのか。多くの集落にとっては、それは「営農」よりも定住条件を確保するためだった。だから「地域ぐるみ」の「地域」の単位は居住集落（生まれ在所）になる。「協業」の性格は「むら仕事」「結い」になる。

しかし他方で集落営農は日本農業の宿命である分散錯圃を止揚でき、「むら」に残った高齢者をかき集めて始めたそれが、いざ取り組めば高い生産性を発揮してしまう。そして経営である以上は法人化して経営体としての自立性を追求することになる。しかし法人化して、地権者がみんな法人に利用権を設定して農業から足を洗ってしまったら、「むら」の維持、地域資源管理がおぼつかなくなる。また高齢者をいくら集めて集落営農化・法人化したところで、高齢化は進む。つまり集落営農化それ自体は「限界農業」の矛盾を拡大しただけで、「むら」の論理と「経営」の論理の対立、高齢化の進展というなかで、相変らず持続可能性を問われている。突破口は何か。恐らく「ひと」と「教育」だろう。定年帰農者で繋いでいくにしろ、若い新規就農者を内外から確保するにせよ、「教育」は欠かせない。

最近は若者の田園回帰が注目されているが、農村で農業しようとする若者には有機農業志向が強く、地元が欲する土地利用型農業には眼を向けにくい。そういう時、集落営農法人が彼らを雇用して地域農業の後継者に育てていく手はある。集落営農のインキュベーター機能にも注目したい。

地域マーケティング

集落営農は水田農業にマッチするが、野菜作等の処方箋にはなりにくい。以下では長野県下伊那郡（飯田市を含み「南信州」ともいわれる）の事例を簡単にみていく。そこは典型的な中山間地域であり、自治体同士が離れていて大規模な平成合併が行なわれず、小さな町村が残った。農協は「ＪＡみなみ信州」という郡単位農協に合併し、多くの町村に支所を残したが、中山間の高齢者の多品種少量生産の荷を扱うのは採算がとれず、折角開拓した生協や量販店との取引も継続困難になった。しかしこれまでの直販をやめてしまえば、高齢者の販路は失われる。

そこで例えば、**阿智村**、**阿南町**、**天龍村**などは生産者を構成員とする社団法人形態の「公社」を作るなどして、農協が開拓した事業や販路を継承している。公社が販路を確保したことにより、高齢者も「私が作った物が売れるのか」ということになり、小さいながらネギの産地をつくるまでに至ったりしている。金額にしてせいぜい３０００万円、それに対して運営費、人件費等の自治体の持ち出しは販売額を超える（だから農協の間尺には合わないことになる）。それを公共政策としてどう考えるか。それは様々だろうが、議論の土台にはこの地域で長く培われてきた公民館の社会教育運動がある。

また高齢者の生産物の販路があっても高齢化が止まるわけではない。このままではいつかは村の農業は消滅する。だから公社等も売っていれば任務が果たせるわけではない。そこで公社が若手を雇用して農業者を育てるインキュベーター機能に取り組むことになる。ここでも結局は「ひと」だ。

他方で**下條村**は村長の徹底した合理化路線で財政状況もすこぶるいい（根本祐二『「豊かな地域」はどこがちがうのか』ちくま新書、２０１３年）。「公社」などとゼニのかかることはしない。その代り住民が道路を造るなら資材費は役場が出す。要するにやりたい人を助ける。

その一つが「下條ふるさとうまい会・うまいもの館」だ。これは物作りに抜群のセンスをもつＫさん（70代）と若い頃は帝国データバンクに勤めた経営感覚にすぐれたＮさん（60代）の二人の女性がリーダーとなった、役場が作った道の駅に併設の農産物の加工・販売施設である。はじまりは農協女性部の「麦の会」「夕焼け畑」といった40代女性中心の農産加工グループの取組みのようである。１９９７年にたちあげ、２０００年に出荷者１３０人程度が１人５０００円の出資金で農事組合法人化した。初めは農産物の直売だったが、年寄りに売れ残りの野菜を持ち帰らせるのはしのびないということから加工がはじまり、下條村の農産物を原料としたソバ饅頭、よもぎ饅頭、こんにゃく、味噌、福神漬け、様々なものを扱い、年商は農産物直売と併せて８０００万円ほどになる。「文化とともに動きましょう」がモットーで、地域の行事に目配りし、出前もする。例えば「卒業おめでとう赤飯」の提案だ。

これまでの例と違い、加工・販売、いわゆる六次産業化で販売額がグンとふえている。ゆくゆくは地域には楽しいところ、話せるところがないから農家レストランをやりたいという。

役場は運営費等の負担はしていない。しかし事務を助けたり、建物は役場が建て、減価償却費相当の賃料で貸し、ソバ粉にはわずかだが補助金を出しており、そのために会が安く仕入れられる仕組になっている。取り組むのはあくまで住民、行政はその支援に回る姿勢がここには貫かれている。

この自立・支援方式と公社型と一概に比較はできない。ここにはカリスマ・リーダー的女性がいた。それぞれの条件を踏まえて支援のあり方を考えるしかない。ただ下條村も公民館活動は盛んだった。会も次の後継者さがしが始まっている。

地域（郡）ネットワーク

先に地方創生では自治体間の「連携」が大きなテーマになっているとした。地域連携それ自体は前述の地域分散型ネットワーク社会の一つのあり方として注目されるが、これまた上からの政策で一朝一夕にできるものではない。

注目される歴史の一つとして、戦前には郡が行政単位としてあり、戦後は県事務所の単位として残っているところが多い。ＪＡみなみ信州は、この郡の単位に合併した。行政は大がかりな平成合併をしていないから、小さな町村が多く、４０００～５０００人の自治体では、（ふるさと）振興課単位に定員を決め、独立した農政係はなく、せいぜい経済係の兼任体制だ。それを補うには郡単位のネットワークを結ぶしかない。

その一つに**南信州観光公社**がある。はじまりは飯田市が、県内有名観光地への素通り観光客を飯田・下伊那に泊まらせたいということで、コンサルタントから「教育旅行」を提案された。農業体験等をみっちりしてもらい、地域に宿泊してもらう寸法だ。ある集落に五平餅の実習を引き受けてもらったところ、地元も大歓迎で、「民泊」が始まった。修学旅行等で一泊は農家に泊まるが、もう一泊は管内の旅館・ホテルに泊まってもらう。飯田市だけでは間に合わなくなって周辺町村の農家にもお願いするようになる。その結果、自治体・農協・関連企業の出資で２００１年に公社がたちあがった。１自治体の取組みが郡内に波及し、行政から自立して企業化する。こうして１００を超す学生・一般団体が毎年受入れられている。

もう一つは「ＮＰＯ法人南信州おひさま進歩」が母体となった「**おひさま進歩エネルギー**」の活動だ。その概要はネットでみることができるし、『みんなの力で自然エネルギーを』（同社、２０１２年）に詳しいので、簡単にする。元は鼎町（現・飯田市）出身のＨさん（現在は60代）が都内から１９８３年にＵターンし、公民館活動等に参加するなかで環境問題に関心をもち、地元飲食店の廃油からバイオディーゼル燃料を精製・利用したことに始まる。

飯田市の日照時間が長いことに目をつけて、２００３年、寄付を集めて保育園の屋根に太陽光発電のソーラーを設置してもらったことから本格的に取組みが始まる。そのころ飯田市は環境省の「環境と経済の好循環のまちづくり事業」の採択を受け、市民出資のファンドで取り組もうとしており、実績のある同ＮＰＯ法人はそれにのった。

経過は省くが、まず市役所が公共（公民館、保育所、児童センター等）の屋根を提供する。さらに「おひさま」がファンドを募り、そのカネで希望者の屋根に初期投資ゼロ（ゼロ円システム）で太陽光パネルを設置する。客は9年にわたり一定料金を払い、10年後には無償譲渡される。中電への売電収入は客の懐に入るというシステムである。「自分たちでできる地球温暖化対策」「エネルギーの地産地消」がモットーで、８・４億円の出資を集めており、２～３％の配当を欠かさない。２５０箇所に太陽光発電所があり１・６メガワットの発電をしている。

当初は市の補助金を前提としたため飯田市民しか利用できなかったが、他の村も補助金を出すようになり、さらにゼロ円システムにより地域全域が利用可能になった。

同様の郡規模の取組みは「南信バイオマス協同組合」「飯田下伊那共同受発注グループ・スネークイイダ」（ＬＥＤ防犯灯設置）等にもみられる。

力のある自治体が事業のインキュベーター機能を発揮し、民間企業として独立させつつ、郡一円に事業を拡大して郡単位の取組みにしていく、というプロセスが確認できる。「地方創生」で重視される「地域連携」にはこのような一定の現実的根拠があり、現に飯田市は２００９年度からの総務省の定住自立圏構想にのり、その「中心市」宣言をいち早くしており、下伊那郡の町村と連携協定を結んでいる。しかしそれは長い歴史をかけて地域が紡いできたものであり、「地方版総合戦略」等で一朝一夕になしとげられるものではない。

以上の事例に共通するのは「ひと」の教育であり、それは公民館活動や社会教育の長年の実践で培われてきた。地域の持続可能性の究極の担保は「ひと」である。個性的でしかも協同とネットワークが得意な「ひと」をいかに育てるかにグローバル化時代の地域経済の課題がある。

Ⅱ　都市農業振興の課題

1　都市農業評価の転換

都市農業とは

２０１５年4月、都市農業振興基本法（以下「基本法」）が成立した。基本法は、政府が都市農業振興施策に必要な法制・財政・税制・金融上の措置等を講じ、都市農業振興基本計画（以下「基本計画」）を定め、自治体も「地方計画」を定めるよう努力するとし、それを受けて２０１６年5月に国の基本計画が定められた。

地域政策は対象エリアの設定が肝要であり、それをもって対象の性格を規定することにもなる。では基本法および基本計画に言う「都市農業」とは何か。基本法は「市街地及びその周辺の地域において行われる農業」とし、基本計画はそれを具体化して、「市街化区域及び非線引き都市計画区域における用途地域を中心としたもの」とし、当該農地が少ない市町では「市街化調整区域を含む域外縁辺部」を含むとした。また農業者が市街化区域と調整区域の両方に農地を所有するケースもあるので「周辺部における農業も都市農業に含むものとして捉える」としている。その是非については最後に検討することとして、ひとまず都市農業≒市街化区域内農業とする。

都市農業をそのように規定すれば、それは都市計画線引きによって生まれた農業ということになる。１９６８年制定の都市計画法は、都市計画区域を定め、その内部を市街化区域と市街化調整区域に区域区分し、市街化区域は「既に市街地を形成している区域及びおおむね10年以内に優先的かつ計画的に市街化を図るべき区域」と規定した。その背景には、都市における資本の効率的活動のためには、土地利用の混在を整序し土地を用途別に純化峻別すべきという都市計画の思想があった。

それに基づいて区域区分（線引き）がなされたが、当時の建設省は、折からの高度経済成長に伴う都市膨張の趨勢を踏まえて、都市の領土なかんずく市街化区域をできる限り大量に確保したい意向だった。他方で農水省は、都市膨張のなかで土地改良投資したばかりの近郊農地が宅地化されてしまうことを憂え、農業投資効率を確保するために、市街化区域の外側に農振地域、農用地区域を設けて政策投資を集中することとし、市街化区域内農地については農地転用許可制度を外し、事前届出制に規制緩和した。農政自らによる転用統制外しは都市計画サイドにも驚きをもって迎えられた。要するに農政は市街化区域からは撤退することとしたわけで、当時、「農水省は市街化区域内農地を建設省に嫁にやった」と言われたものだ(21)。こうして市街化区域内農地はおおむね10年以内に市街化すべき過渡的な存在とされ、現況農地であっても既に農地でないものとして制度上は宅地並み課税の対象となった。

そのような農地が線引きにより30万haも生まれたが、その少なからぬ部分の営農継続意思が強いことから税制上の長期営農継続農地の制度や都市計画上の生産緑地制度（１９７４年）が設けられることになった。後述するように生産緑地制度は一定期間の営農継続後は自治体に買い取り申請でき、自治体が買い取らなければ開発行為が解除される。１９９１年の改正で買取申し出の開始期間が30年に延長され生産緑地以外の市街化区域内農地は「宅地化農地」として宅地並み課税されることになった。当初指定された生産緑地については２０２２年に30年の期間が切れる。生産緑地制度をどうするかが差し迫った政策課題になっている。

コンパクトシティ化

１９９０年代にバブルがはじけ、経済は停滞基調に転じ、さらに21世紀に入り人口減少時代をむかえるようになり、大都市圏の人口も２０１０年から減少に向かうことが推計されるようになった。そして２０１１年には東日本大震災にみまわれ、首都直下型地震等の恐れが現実のものとなり人々の防災意識を高めた。

このようななかで、まず都市計画の側において、２００９年の「都市政策の基本的な課題と方向検討小委員会」報告で、都市農地は「必然性のある（あって当たり前の）安定的な非建築的土地利用」とされ、さらに２０１２年の国交省都市計画制度小委員会「都市計画に関する諸制度の今後の展開について」は、「現在の都市そのものを、いわばリフォームしていく必要」があるとし、「無制限に開発を繰返すのではなく、現にある都市の価値が高められ、持続的価値を有する都市を目指すべき」とし、都市計画の制度・運営面で、「集約型都市構造化」「都市と緑・農の共生」の双方の実現された「都市像」をめざし、そのために「民間活動を重要な手段として位置付け」るべきとした。そこでは農地も「都市内に一定程度の保全が図られることが重要」とされた(22)。

このような民主党政権下での見直しがどの程度踏まえられたかは不明だが、２０１４年に都市再生特別措置法（２００２年）が改正され、新たに立地適正化計画制度が導入された。同制度は、市町村は都市計画区域内の区域について、住宅および都市機能増進施設（医療、福祉、商業施設等の福祉・利便施設）の立地適正化を図る計画を作成できるとし、具体的には市街化区域内に「居住誘導区域」を設け、居住誘導区域内に先の諸施設を誘導する「都市機能誘導区域」を設けることができるとした（図４－

３）[23]。

法ではさらに居住調整区域外の区域で住宅地化を抑制すべき区域を「居住調整区域」に指定し、そこでの特定開発行為・特定建設行為は市街化調整区域並みに扱うものとしている。

これらの動きをどう位置付けるか。

第一に、国交省はその「意義と役割」を「コンパクトシティ・プラス・ネットワークの推進」としている。ここで第Ⅰ節の地方創生との関連がでてくる。すなわち地方創生を国交省サイドから担う「国土のグランドデザイン２０５０」（２０１４年）における「コンパクトシティの形成」や大都市郊外を含む「小さな拠点」構想と連携した、都市内部の「リフォーム」である。

第二に、都市のコンパクト化を都市計画において具体化するものといえる。国交省自身が居住誘導区域をもって「広義の都市計画」とし、法でも同区域の設定等を「都市計画に関する基本的な方針の一部」としている。

それは、都市計画法の改正に依らずして、これまでの市

図4-3　立地適正化計画の区域指定

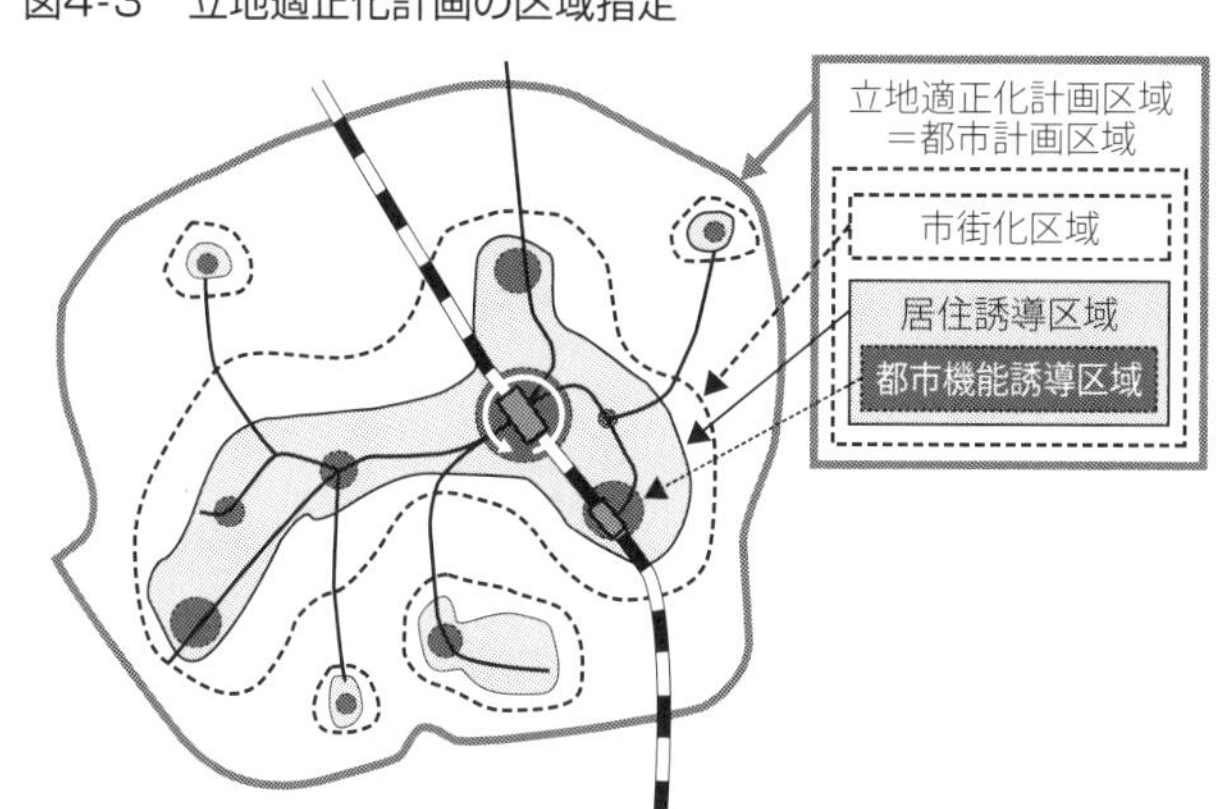

出所：国交省「改正都市再生特別措置法について」（2015年３月）を一部修正。

街区域と市街化調整区域への二線引きを三線引き化するものである。あるいは線引きの輪を縮小する（従来の市街化区域を居住誘導区域とそれ以外の市街化調整区域に準ずる区域に二分）ものといえる。とはいえ居住誘導区域における開発行為に対しては市町村長への届け出と勧告の他、特段の土地利用規制が付加されるわけではない。他方でいわば「準」調整区域化された区域は調整区域並みの規制となり、規制強化される。

第三に、このような変更のなかで農地・農業はどう扱われるかについては、「市街地の周辺の農地のうち、生産緑地地区など将来にわたり保全することが適当な農地については、居住誘導区域に含めず、市民農園その他の都市農業振興策等との連携等により、その保全を図ることが望ましい」とされた。さらに「第8版　都市計画運用指針」（最終版は2016年4月）は、「居住誘導区域外において農業振興施策等との連携を検討」することとした。

農政の転換

このような都市計画サイドの発想転換をにらみつつ、農政の側も民主党政権下で「都市農業の振興に関する検討委」がもたれ、その「中間とりまとめ」が2012年になされた。さらに自民党政権下で冒頭に述べたような都市農業振興基本法の制定と基本計画の策定となったわけである。

基本計画は、先の第三の「居住誘導区域外において農業振興施策等との連携を検討」の一点を捉えて、都市農業が都市計画に位置づけられたとする。すなわち市街区域内農業については「長期にわたり本格的な農業振興施策は講じられてこなかった」。しかし「今後は、生産緑地か否かにかかわりなく、農業振興施策を本格的に講ずる方向に舵を切り替えていく」（ゴチは引用者、生産緑地については後述）ものとされた。

しかしながら前述の経過に照らせば、一度は捨てた市街化区域内農業を農政のテリトリーに取り戻すのは容易なことではない。それはこれまでに組み立てられてきた全制度と利害調整の見直しに及ぶ。基本計画がそれにどこまでチャレンジできるかが最大の課題となる。

2　基本計画の内容

利用権「のような仕組み」の導入

都市農地の有効利用や保全には、自作できなくなった農地の貸借が必要である。しかし市街化区域は農業経営基盤強化促進法の適用外で、特定農地の貸付（農政上の各種事業による「利用権」設定）はできない。そこで農地法に拠ることになるが、農地法は賃借権保護が強く、地権者は一度貸したら返してもらえなくなることを危惧し、貸借が進まない。それに対し基本計画は、基盤強化法の「**農用地利用集積計画のような仕組み**も参考としつつ」、賃貸借を促進すべきとしている。要するに利用権の設定である。

こうして賃借可能になると、自ら耕作しなくても所有できるので分割相続の可能性が高まるが、それによる遊休化等の可能性については「公的関与の仕組み」「都市農地の保全を図るための土地利用規制」（後述）を導入すべきとしている。

「土地利用規制」としては、まずは市街化区域内農地の転用の届け出制を許可制に復すことだろうが、しかし市街化区域内農地のほとんどは転用を誘導する第三種農地扱いとなるので、土地利用規制強化策としての実効性には乏しい。そもそも地権者には土地利用規制への強いアレルギーがあることはいうまでもない。

逆線引き

現行都市計画法の根幹は市街化区域と調整区域への区域区分である。基本計画はそれを前提として、将来にわたり保全することが適当な相当規模の市街化区域内農地は市街化調整区域に編入（逆線引き）すべきとしている。しかしその指摘の少し前では、逆線引きは「望ましいとされているが、実際に編入される事例は少ない」ともしている。過去には逆線引きの事例もあったが(24)、それは営農意欲の強い農地が団地的に存在する稀有な場合に限られ、その後の地価格差の隔絶的な拡大や高齢化、農地の団地性の喪失等を踏まえると、逆線引きの実効性は乏しい。

生産緑地制度の活用

生産緑地制度とは、30年営農継続義務を負う５００㎡以上の市街化区域農地のうち、将来の公共施設用地たりえるものについて、建築制限を付して生産緑地に指定する都市計画で、宅地並み課税ではなく農地課税とするものである。長らくその貸し付けは不可だったが、貸付もできるようになった。また終身営農を条件として相続税の納税猶予を受けられる（ただし納税猶予された農地を貸付ける場合は、後掲の**表４－３**の右欄のようなほとんど禁止的に近い厳しい条件がある）。所有者の死亡等が起こった場合や、前述のように指定から30年後には自治体に買取申請でき、自治体が買い取らなければ建築制限が解除される(25)。現在の市街化区域内農地の状況は表４－２のようであり、宅地並み課税が実施されている三大都市圏特定市においては生産緑地が過半を占めるようになった。

以下、基本計画の生産緑地政策をみる。

①市町村が買取申請に応じられるよう「市町村による計画的な取組を支援する」。しかしその具体的な仕組みには及んでいない。世田谷区は買取予約をして所有者の営農継続を支援し、買取後は都市計画上の農業公園にする施策を行っており、財政的には国や都の支援を受け、区の負担はほとんどないが(26)、それでも買取は多くない。

②面積ベースで生産緑地の８割が２０２２年に指定から30年後の買取申請可となり、前述のように自治体が買い取らなければ建築制限は解除されるので、生産緑地が一挙に消滅する可能性がある（実際には個々の生産緑地の交通利便性、宅地の需給関係にもよる）。この「２０２２年問題」に対して、基本計画は「適正な保全策を検討する必要がある」とするが、具体策には及んでいな

表 4-2　市街化区域内農地の区分別面積

単位：ha、%

	三大都市圏特定市	左以外の都市	計
宅地化農地	14,132 (16.5)	57,493 (67.0)	71,625 (83.4)
生産緑地	14,182 (16.5)	66 (0.1)	14,248 (16.6)
計	28,314 (33.0)	57,559 (67.0)	85,873 (100.0)

資料：総務省「固定資産の価格等の概要調書」2010 年、国土交通省「都市計画年報」2010 年。
注１：表示単位未満を四捨五入したため計と内訳は必ずしも一致しない。
注２：「宅地化農地」は、市街化区域内の農地のうち生産緑地以外を指す。
出典：農水省「都市農地に係る土地利用計画について」2012 年４月。

い。

③生産緑地の対象外の５００㎡未満の農地等についても「必要な対応を行う」とする。

④三大都市圏特定市を除くと、（宅地並み課税されていないため）生産緑地の指定は進んでいないが（表４−２）、基本計画は、コンパクトシティ化などと関連させて、自治体と所有者双方に生産緑地が「選択肢となり得る仕組みとする必要」を指摘している。既に国交省も都市計画運用指針を２０１４年に見直し、三大都市圏以外での指定を促進するとした。これは制度変更を伴わないので直ちに取り組める課題である。しかし地方でも税負担の増大に悩まされているが、生産緑地の「30年間という土地利用制限が厳しいという声が多い」(27)。

⑤なお基本計画が明言を避けている重大な論点がある。それは三大都市圏特定市における生産緑地の拡大である。現状５割だが、世田谷区では指定率は73％にのぼっており、困難とはいえまだ追求の余地のある課題である。

新たな土地利用計画制度の方向性

基本計画は、①まずは既存の生産緑地制度を前提としつつ、「生産緑地指定に至っていない市街化区域内農地を含め」、農業振興「施策を推進すべき区域を定めること」により、「一定期間にわたる農地所有者以外の者による耕作を含めた営農に関する計画を地方公共団体が評価する仕組みを検討」（農業経営改善計画の認定による認定農業者制度的なものか）し、「あわせて、農地としての保全が図られるために必要な土地利用規制を検討する」。そのうえで②「都市計画上の意義が認められる農地のより確実な保全を図る観点から、都市計画制度の充実を検討する」とする。

①は市街区域内を農業側から再線引きし、「準農振農用地区域」のような区域の設定を指すのだろうか。②については、前項で都市計画サイドは市街化区域内に新たに居住誘導区域を設け、その区域外で「農業振興施策との連携」を図ることとしたが、「都市計画制度の充実」とは現行の都市計画制度である生産緑地の要件緩和あるいは「準生産緑地」のような新たな区域の設定を含意するのだろうか。その具体像はなお見えていないといえる（国交省案については注29）。

税制上の措置

①宅地化農地の税の軽減

1991年の生産緑地法改正で、市街化区域内農地は生産緑地と宅地化農地に峻別され、三大都市圏特定市においては、生産緑地は農地課税、宅地化農地は宅地並み課税とされた。その税負担は10ａ当たり数十万円にも及び、農業継続を圧迫している。それに対して基本計画では「一定期間の農業経営の継続と農地としての管理・保全が担保されることが明確なものに限り、その保有に係る税負担の在り方を検討する」としている。要するに宅地並み課税の減税である。

その条件としての「一定期間」とは、生産緑地は30年営農継続が前提だが、それに対して例えば10年とか20年とかのより短期間を設定し、生産緑地に準じて扱うようにするものだろう（「準生産緑地」化）。

また「農地としての管理・保全が担保される」とは、何らかの土地利用制限を課することになろう

（「のような仕組み」の項で前述）。しかし地権者は土地利用規制を非常に恐れているので、よほど強固な法的根拠あるいはインセンティブがなければ、その導入は困難だろう。

②生産緑地等の相続税の納税猶予

現在、相続税の納税猶予の適用条件は表４－３のようであり、三大都市圏特定市の宅地化農地を除く全自作地については終身あるいは20年営農継続を前提に認められ、また市街化区域外については特定貸付け（前述）した場合にも認められている。さらに２００９年から表４－３の右欄のような営農困難時の貸付にも認められるようになった。それに対して基本計画は、生産緑地の納税猶予を営農困難時貸付以外の貸付（市民農園を含む）まで認めろということであろう。

そもそも相続税納税猶予制度は、自作農としての世代継承を目的理念として始められたものだが、市街化区域外農地の特定貸付について認めた時点でそ

表 4-3　相続税納税猶予制度の適用等

		三大都市圏の特定市	三大都市圏の特定市以外の市町村	納税猶予期間の終了事由とならない貸付け
市街化区域内農地		猶予の適用なし	適用あり（20 年継続で免除）	・精神障害者保健福祉手帳（１級）の交付を受けている ・身体障害者手帳（１級又は２級）の交付を受けている ・要介護状態区分の要介護５の認定を受けていることにより営農が困難となり、貸付けを行っている場合＊
	生産緑地	適用あり（終身営農が必要）		
市街化区域外の農地		適用あり（終身営農が必要）＊		・上記に加え、農地の集積に資する政策的な貸付けを行っている場合＊

注１：＊印は 2009 年度税制改正による改正
出典：農水省「都市農地に係る土地利用計画について」2012 年４月。

の自作農主義の建前は崩れた。それを生産緑地にまで及ぼすのは自然な対応だといえる。なお「準生産緑地」のような新たな「区域」を設ければ、そこでも貸し付けた場合の納税猶予問題が起きよう。

都市農業振興政策（ソフト事業）

以上は制度政策に係るハードの部分だが、振興政策は必ずしも制度変更を伴わないという意味でソフトの部分と言える。

基本計画は、担い手の育成、生産性向上、防薬シャッター・防風垣・廃棄物処理等の費用負担の在り方、栽培技術の農業者間伝授、都市と農村の農業者交流、防災協力農地、景観形成、直売所整備、直売所間連携、学校給食等に関する連携、農業体験農園の開設、福祉農業、学校教育における農作業体験、食農教育、広報・交流活動等、さまざまな方法を挙げている。

これらは多かれ少なかれ地域や自治体の自主的な取組みとして既に実践されてきたものだが、国が基本計画で公的にその支援を表明し、それを受けて地方計画で具体化することは、法的に根拠づけるものとして力強い。しかし行政がきめ細かな農業振興を行うことはとくに都市部では限界がある。農協「改革」の折柄もあってか行政が前面にでているが、農業委員会はもとより、農協、農業共済等の農業団体や生協等の消費者団体、市民団体等との連携がもっと強調されていいのではないか。

以上、各項目ごとに内容紹介してきたが、そこにはⓐ既存制度の活用促進、ⓑ既存制度の手直し、ⓒ

新制度の提起の三者が混在している。ⓑとⓒの区別は微妙である。たとえば、逆線引き、生産緑地制度の活用、都市農業振興政策（ソフト事業）はⓐ、利用権「のような仕組み」や税制上の措置はⓑ～ⓒ、新たな土地利用計画制度はⓒにあたる。ⓑはその具体を詰めればⓒに接近するかもしれない。

3　基本計画の意義と課題

基本法と基本計画の意義

その意義は次の二点にある。

第一に、「税制上の措置」では、生産緑地を貸し付けた場合も相続税の納税猶予を受けられるようにする提案をした。この提案は、生産緑地を自作できなくなった場合も生産緑地を維持していく仕組みとして、生産緑地制度の趣旨にも沿った提案であり、既に税制改正要求にも盛られているところで、それをもうひと押しする意義がある。

第二に、「都市農業振興政策」の多くは制度改正を伴わずとも実施可能なものとして既に各地の自治体が取り組んでいるものだが、基本法や基本計画がそれらを改めて法や国の基本計画としてバックアップする意義がある。

土地利用計画制度の課題

しかし土地利用計画制度とそれに伴う税制改正については、基本計画は「方向性」の指摘にとどまる。各所にちりばめられているその「方向性」をまとめると、①「生産緑地指定に至っていない農地」

（宅地化農地）も含めて都市農業施策を推進する「区域」を線引きし、②そこには一定の土地利用規制を課し、③「利用権設定のような仕組み」で賃貸借できるようにし、④宅地並み課税を軽減し、⑤貸した場合にも相続税納税猶予できるようにする（⑤は筆者の推定）、というものである。要するに前述のように「準農振農用地区域」あるいは「準生産緑地」論である。

都市計画法サイドは、従来の市街化区域、市街化調整区域の二区分に加えて、市街化区域内を居住誘導区域とそれ以外に分ける再区分制度を導入した。従来、農政と都市政策は、制度改正にあたり双方の譲歩の均衡を図ってきた（例えば５haの農地を市街化区域に取り込めるようにすれば、５haの農地を逆線引きで調整区域に出せるようにする）。その意味では居住誘導区域に対応する新「区域」の設定は必ずしもバランスを欠くものではない。しかしそこには難点もある。

第一に、市街化区域内農地が農地性を回復していくに従い市街化調整区域農地と大差なくなり、市街化区域と市街化調整区域への区域区分の意義も薄まる。区域区分制度については、当初、市街化区域が過大であること、市街化区域に指定されたことで地価が高騰したために莫大な転用差益を社会的に吸収する仕組みがないこと、市街化調整区域での開発規制が十分でないこと等の強い批判を筆者もしてきた。にもかかわらずその後の展開過程をみると、区域区分がスプロール化を防止し、農地を守るうえで、一定の機能を果たしてきたことも事実であり、線引き廃止されたところでは土地利用の混乱が引き起こされている。

第二に、新たな区域での土地利用規制、減税、規制緩和の程度にもよりけりだが、この方向を突き詰めていくと、宅地化農地は生産緑地に接近していく。現行生産緑地の要件緩和について基本計画は明示しないが、農業者からは生産緑地の30年営農継続要件の緩和（10年程度か）も出されており、それがないと、農家としては条件も規制も厳しい生産緑地を選ぶよりも新たな区域（宅地化農地）を選んだ方が得だということになり、都市計画としての生産緑地制度の意義はなくなる。

都市農業政策の課題――生産緑地制度の位置づけ

都市農地の持続性を図るには都市計画制度上の位置づけが欠かせないが、以上に見たようにそれは既存制度の根幹に触れる問題であり、その検討には相応の時間を要する。それに対して都市農業は前述のように生産緑地の「2022年問題」を抱えている。実はそれへの取組みが土地利用計画制度上の問題の突破口にもなりうるが、基本計画には、生産緑地制度が国交省所管ということもあってか、確固たる政策がみられない。

顧みると、生産緑地法改正（1991年）に際して、都市計画中央審議会答申は「都市計画からする緑地機能の観点から見た農地等の保全の意義は、質、量ともに当時（生産緑地法制定の1974年当時――引用者）には予想もしえなかったほど高まってきている」とし、「こうした変化に対応した実効性のある永続的な計画的保全のための都市計画上の措置」として改正を位置づけた。

これを受けて当時の建設省は、改正前の生産緑地法は「明確な形で都市計画上都市農業と位置付けるものにはなっていなかった」が、改正により「営農を前提とした積極的、計画的な保全を図るよう都市計画上の位置づけを明確にした」としている(28)。

つまり生産緑地制度は、農水省が市街化区域内農地を放棄した後で、にもかかわらず営農意欲が高く半永続性を持つ農地の保全と都市計画とのギリギリの妥協を図った制度なのであり、それだけに要件は半ば禁止的に厳しいものになったが、にもかかわらず宅地化農地との二者択一のなかで、三大都市圏では生産緑地が市街化区域内農地の２分の１までを占めるようになったのは画期的ともいえる。

かくして土地利用計画制度の課題は、ⓐ生産緑地制度をもっと使い勝手のよいもの（期間短縮等）に改正し、国交省専管から国交省・農水省共管に移し、地方のみならず三大都市圏特定市においてもその拡大を追求しつつ、30年問題の受け皿にしていくのか[29]、それともⓑ新たな準農用地「区域」の創設（第三の線引き）の方向を追求するのか、になる。

現実には土地利用規制、規制緩和、税制等のあり方次第でⓐとⓑは実質的に大差なくなるので、問題は二者択一というより、住みよい街づくり、都市農地保全のためのアプローチの仕方だろう。

その取り組み方としては、①当面は既存制度の枠内で、制度の可能性をとことん追求しつつ[30]、ソフト都市農業振興政策に力をいれる。②都市計画法の「市街化区域」の定義を「農地・自然緑地の計画的保全を図りつつ市街地を形成する区域」に改める。③その計画的保全の制度を早急に具体化し、それが「２０２２年問題」の受け皿にもなり得るようにする。

都市農業としての調整区域内農業

農水省によれば「市街化区域とその周辺の農業」は20万ha弱だが（２０１２年）、農林統計上の「都市的地域」の農地は１２５万ha程度になり、ほぼ市街化区域と調整区域の農地をあわせたものになる。定義によって対象には６倍の差が開くことになる。

本節ではこれまで、都市農業≒市街化区域内農業という通説に従ってきた。しかしそれは都市計画、宅地並み課税、生産緑地制度といった制度政策絡みの定義であり、線引きの仕方によって規定されたもので、営農環境や営農実態に即したものではない。

たとえば東京都の場合はべた一面の市街化区域を線引きし、そのなかに農地が大量に取り込まれることになった。先の定義による都市農業とは端的には東京農業ともいえる。それに対して横浜市はまとまった農地をなるべく市街化調整区域に出す線引きを行い、その結果、市街化調整区域のなかに市街化区域が存在する線引きになっている。

そもそも市街化調整区域はその全体が都市計画区域に含まれ、そこでの農業は程度の差はあれ都市圧を受けつつ、都市住民に対して食料供給機能のみならず多面的機能を果たしている。仮に都市農業を「都市の中の農業」と規定すれば、調整区域農業もそれに該当する。調整区域農業は農振地域の指定を受けられるので、政策対象面から見れば固有の都市農業は市街化区域内農業となろうが、しかし市街化調整区域農業に独自の課題が生じている。

すなわち、市街化区域がコンパクト化を図られる一方で、そこになおある転用等の都市圧は、例えば福祉施設の必要と言った形をとって地価の相対的に安い調整区域により強くかかり、また既になし崩し的・虫食い的に市街化してしまった市街化調整区域もある。市街化区域に再線引きが提起されていることを見たが、再線引き的な土地利用調整は調整区域でも必要とされている。しかし居住誘導区域のように行政が主導権を握る再線引きと異なり、市街化調整区域のそれは地権者の集団的・自発的行為を抜きには行えない。行政（制度）と地権者・地域住民の協働による対応が求められる。中山間地域と同様に、ここでも教育の力が大きい。

注

(1)土肥恒之『西洋史学先駆者たち』中公叢書、２０１２年。

(2)上原のこの面での研究は実証的というより理念的であり、例えばギニアのセク・トゥーレなど裏切られる例もあった。Ｊ・ジグレール、たかおまゆみ訳『世界の半分が飢えるのはなぜ？』合同出版、２００３年。

(3)下河辺淳『戦後国土計画への証言』日本経済評論社、１９９４年、79頁。

(4)同上、92頁。

(5)同上、92頁。

(6)「幻の五全総」は太平洋ベルト地帯の一軸に対して「多軸」を主張したつもりだが、それは高度成長とグローバル化に対置される産業構造の根本的転換を伴わずしては言葉の遊びに過ぎない。

(7)なお関東Ⅱ、北九州で当初所得の著しい低下がみられ、再分配係数を一挙に高めている。これが実態を反映したものなのか、それともサンプルの変更によるのかは分からない。また近畿Ⅰ（京都、大阪、兵庫）は大都市圏にもかかわらず当初所得が低く、再分配係数が平均より高い。これはいずれの年にもみられる傾向である。

(8)橋本健二『「格差」の戦後史［増補新版］』河出ブックス、２０１３年、補章1。

(9)サスキア・サッセン、伊豫谷登士翁監訳『グローバル・シティ』筑摩書房、２００８年。

(10)地方創生と道州制の関連を強調するものとして、岡田知弘「『地方消滅』論の本質と『地方創生』・道州制論」岡田知弘他編著『地域と自治体』第37集、自治体研究社、２０１５年。

(11)八田達夫「『国土の均衡ある発展』論は日本の衰退招く」時事通信社編『人口急減と自治体消滅』２０

15年。
(12)政府案との間に大きな違いをみいだそうとする説もあるが(山下祐介『地方消滅の罠』ちくま新書、2015年)、採らない。増田説批判の一面的強調はより大きな権力の政策を免罪しかねない。
(13)地方創生特区は国家戦略特区の第二弾とされ、2015年3月に仙北市(外国人医師、医療ツーリズム)、仙台市(地域限定保育士)、愛知県(公設民営学校)が指定された。規制の緩和・撤廃による「地方創生」である。
(14)平岡和久「地方財政と「地方創生」政策」岡田知弘他編・前掲書。
(15)中山徹『人口減少と地域の再編』自治体研究社、2016年、に紹介されており、以下はそのデータに基づいている。
(16)帝国データバンクの企業の本店所在地の移転状況調査では、リーマンショックを境に、東京から転出する企業が減り、転入企業が増えており、「好況下では企業の一極集中が進むことが改めて確認された」としている。しかも転出先の75%が神奈川・埼玉・千葉であり、転入元の6割も3県からである。要するに首都圏内の移動に過ぎない。また「地方創生」では地方に本社機能を移す場合には減税措置を講じるとしているが、「企業移転の効果は未知数だ」(朝日新聞2015年4月10日、6月20日)
(17)対談「本気で地方創生を語る」『農業と経済』2015年5月号。
(18)小田切徳美『農山村は消滅しない』岩波新書、2015年、全国町村会『都市・農村共生社会の創造』2014年。
(19)日経調『農政の抜本改革・基本指針と具体像』(2004年5月)。拙著『戦後レジームからの脱却農政』筑波書房、2014年、第7章第1節。
(20)以下のこの項の事例についてより詳しくは拙著『地域農業の持続システム』前掲、を参照。
(21)これらの経過については拙著『農地政策と地域』日本経済評論社、1993年、第5章。

(22)この発想転換自体はすばらしい。しかしそれは、資本効率を高めるための近現代都市計画に対する深刻な反省抜きでは、たんなる状況変化への対応に留まる。このような反省としては蓑原敬他共著『白熱講義　これからの日本に都市計画は必要ですか』学芸出版社、２０１４年。
(23)立地適正化計画および居住誘導地域の指定状況については、中山徹・前掲書。それによると市街化区域に占める居住誘導区域の割合は、下呂山町95％、箕輪市85％に対し、札幌市23％、花巻市27％と大都市圏と地方都市の相違が大きい。居住誘導区域が市街化区域の大半を占める場合は、指定の意味が問われ、後述するように都市農業の展開余地もなくなる。
(24)その事例については、注（21）の拙著に紹介した。
(25)解説としては建設省『生産緑地法の解説と運用』１９９1年、ぎょうせい。
(26)拙著『地域農業の持続システム』（前掲）第４章に紹介した。
(27)日本農業新聞、２０１５年９月25日、29日。
(28)建設省、前掲書、７頁。
(29)国交省は２０１７年1月25日に生産緑地法改正案の概要を自民党に示した。①下限面積を５ａから３ａに下げる。②指定後30年を経た生産緑地は、所有者の同意の下、転用や開発規制を伴う「特定生産緑地」（期間10年で1回更新可）に指定できる（日本農業新聞、1月26日）。「22年問題」に限定した対応である。
(30)その事例については、拙著『地域農業の持続システム』（前掲）、第４章。以下の事例は全て本書によられたい。

第5章　歴史的転換点にたって

はじめに

本書が対象としてきた２０１５、16年は政治的にも大きな転換期だった。２０１５年には農協法改正や安保法制の制定があった。２０１６年には参院選が行われた。その背後には憲法問題がある。前者については安保法制は9条と整合するかが問われる。後者はその憲法改正に必要な3分の2の議席を改憲派が占めた。一方では、第3章でみたように、個々の政策への反対が強くても政権や自民党の支持率は高い現象がある。しかし他方では新たな動きも生じている。本章ではそのせめぎ合いの状況をみておきたい。

Ⅰ　２０１５年――安保法制と農協法等改正

１　市民社会の政治的登場

２０１５年秋、農協法等改正案に続いて安保法制案が成立した。後者に対して雨の降るなか数多くの人々が国会を取り巻いて反対の声をあげた。

かつてのデモ、集会はマス（集団）のそれだった。集団としてのイデオロギーが先行し、一人一人はそれに「動員」される「頭数」だった。要するに「組織の時代」だった。

しかし今回の安保法制に反対する運動は、大方が指摘するように、組織動員もさることながら個人の判断による一人一人の参加が多かったようだ。サラリーマンや公務員、あるいは主婦とおぼしき人たちも個人参加する。組織から離れた定年退職者が夫婦で参加する。

オーバーに言えば、２０１５年は、日本の「市民社会」が市民社会らしいかたちで政治に立ち向かいだした元年ともいえる。解釈改憲の法制化を強行し、憲法改正に向かう安倍政権はとんでもないものを引き出してしまった。

日本の社会には、組織は永続性をもって尊しとする意識が強い。しかしそれはしばしば一人一人の思いよりも組織の維持拡大を自己目的化させやすい。グローバリゼーションの時代はその状況を変える。グローバル化はひとびとを砂粒のように「ばらけ」させる。「ばらけた」一人一人の力は弱い。そこで再結集が図られる。しかしそれは、かつてのように全人格的に一つの組織に帰属するのではなく、一つ一つのイッシュー（論点）で集合し、離散する(1)。だから運動には高揚もあれば退潮もある。しかし組織のイデオロギーや判断ではなく、一人一人が個人の判断で参加する意思は引き継がれていこう。

国会デモでは、シールズの若者たちの「民主主義って何だ？」の掛け声に、「これだ」というシュプレヒコールが返ってくるのが印象的だった。その民主主義の観点から見て、この時期の農協法等改正と安保法制の成立過程はあまりに酷似している。以下、本書を振り返りつつ三点について共通性をみていく。

2　それはアメリカとの間で始まった

第一は、日本の国や憲法に超越してアメリカとの関係優先で決まる非主権国家性である。

農協法等改正から見ていくと、在日米国商工会議所（ACCJ）の保険小委員会は、アメリカ金融資本の利害を代表して、毎年「共済と民間保険競合会社の間の平等な競争環境の確立を要望」してきた。とくに2011年の『金融サービス白書』は、日本のものづくり重視の経済のあり方を批判し、金融業を成長産業にすべしとして、まず日本郵政グループと外資系の銀行・保険会社の間の平等な競争環境を整備する（いわゆるイコールフッティング論）、それが実現するまでの間はがん保険等の新商品の提供等をすべきでないという2段構えの要求をしてきた（結果はTPPへの参加交渉でかんぽ生命がアフラックのがん保険商品の販売窓口になった）。

共済（協同組合保険）についても、ACCJは、JA共済は非農家も准組合員として加入・利用できるにもかかわらず、厳しい金融庁監督下になく、税金も軽減されているとして、日本郵政に対するのと同じく、民間保険会社とのイコールフッティングを求めた(2)。

さらに、2015年5月まで有効な「意見書」では、JAグループの金融事業全般に拡大し、「JAグループの金融事業を金融庁監督下にある金融機関と同等の規制に置くよう要請」している。そして「もし、平等な競争環境が確立されなければ、次の規制を見直し、JAグループの金融事業を制約するべき」として、①員外利用が認められていること、②准組合員制度があること、③独禁法の特例、を挙げている。

さらにACCJは、規制改革会議の「農業改革に関する意見」を「歓迎」し、「こうした施策の実行のため、日本政府及び規制改革会議と密接に連携」しているとも自らの日米共同作戦を強調している(第1章)。

アメリカの「金融庁監督下にある金融機関と同等の規制」という要求は、農協法等改正により公認会計士監査への移行として実現した。おまけに准組合員制度についても、附則で「規制の在り方について」5年間調査し、結論を得るとした。政府は規制するかしないかも含めて結論を得るものとしているが、法文は「規制の在り方」となっており、「規制」が前提である。

農協「改革」では農協の信用事業の農林中金・県信連の代理店化が強要されているが、それが将来的な農林中金や全共連の「農協出資の株式会社化」と連動した場合、農家の金融資産が外資に乗っ取られる可能性があることは第1章に指摘したとおりである。

安保法制についても同様である。2015年4月末の「新たな日米防衛協力のための指針(新ガイドライン)」は、そのⅢDで「日本が武力攻撃を受けるに至っていない時」でも、「自衛隊は、日本と緊密な関係にある他国に対する武力攻撃が発生し、これにより日本の存立が脅かされ、国民の生命、自由及び幸福追求の権利が根底から覆される明白な事態に対処し、日本の存立を全うし、日本国民を守るため、**武力の行使**を伴う適切な作戦を実施する」こととしている。この趣旨・文言はそっくり安保法制に取り入れられた。

日本共産党が、２０１４年12月の自衛隊統合幕僚長と米高官の会談記録を暴露した。それは安保法制の整備を「来年夏までに終了する」する旨を日本の制服組がアメリカに約束したものである。さらに自衛隊統合幕僚監部が5月に作成した、8月の安保法案成立をみこして成立後の部隊運用の詳細計画をたてた内部文書も暴露した。

要するに新ガイドラインに即して安保法制を立案し、法律を先取りして実行計画を立て、アメリカとのスケジュール約束に従って強行採決する。これは「国会は、国権の最高機関である」という憲法第41条、三権分立、文民統制に反する。

３　論理をすり替える

第二は、法律の内容や制定理由には、論理のすり替えが多々見られる点である。

まず**農協法改正**については「農業協同組合が事業を行うに当たって農業所得の増大に最大限の配慮をしなければならない」としているが、そもそも国は、生産調整の国の配分を廃止する、米戸別所得補償を半減、廃止する（戸別所得補償は農業所得にカウントされる）、そして自給率が大幅に下がるＴＰＰの推進役になるという形で農業所得を減らす政策を次々と打ち出しながら、その農業所得減少の責任を農協に転嫁する。こうして第1章でみたように「農業所得の増大」が抗しがたい農協「改革」の錦の御旗になる。

安保法制については、政府や集団的自衛権合憲論者は、判で押したように日本の安全保障環境が変化したことを理由に挙げている。北東アジアの現況、アメリカのプレゼンスの変化からして、安全保障環境に変化があることは事実であり、その評価や対処の方法をめぐってはいろいろ議論がありうる。

しかし議論されているのは法律であり、個別の法律が憲法に違反しないか否かである。状況変化を理由に法解釈を変えるのは体制側の法律家の常套手段だが、法律論を状況論にすり替えることは許されない。

しかも問題はたんなる一法律ではなく、「国の最高法規」たる憲法に係わる問題である。集団的自衛権は、大多数の法律家が憲法違反としており、これまでの政府見解からしてもそれは当然だった。自民党の「日本国憲法改正草案　Q＆A」でも、「現在、政府は、集団的自衛権について『保持していても行使できない』という解釈をとっていますが、『行使できない』とすることの根拠は『9条1項・2項の全体』の解釈によるものとされています。このため、その重要な一方の規定である現行2項（『戦力の不保持』等を定めた規定）を削除した……」と述べている。つまり自民党は、現行憲法下では集団的自衛権の行使は認められないから憲法改正が必要だとしていたのである。

法は状況変化を無視していいというのでは全くないが、状況変化に憲法が対応できないというのが国民多数の認識であれば、憲法を変えればいい。状況が変わったから憲法解釈を変えるというのは全くの筋違いである。そういう論理では、次は法律と憲法が齟齬するから憲法の解釈を変えろと言うことになるだろう。

首相、副首相も安保法制が国民の理解を得られていないことを認め、成立後に国民に「丁寧」な説明をして理解を得るとしている。そう言いながら安保法制が成立したら、次は経済優先だとして「新三本の矢」などを打ち出して、国民の眼を安保法制からそらそうとしている。岸内閣が新安保条約を通した後は、池田内閣の所得倍増計画で国民の関心をそらそうとしたのと同じ手口である。

憲法改正には国会の３分の２以上による発議と国民投票が必要だが、憲法解釈の変更法は衆議院の２分の１で決められる。首相がやっていることは、一見、勇ましい素振りで、実は困難な手続きをスキップするだけのことである。

４　民主主義って何だ？

第三の点は民主主義の無視である。

安保法制についてはは言うまでもないので、ここでは農協法等改正案に関するささやかな経験を述べる。筆者は参議院の参考人の一人として「廃案相当」と述べたが、参考人の意見に対して公明党の議員からは「多少シンパシーを感じながら、私も与党なものですから、この法案を成立させていかなくていけないという立場にあるものですから」という弁明があった。また維新の党の議員は「そして質問ですが（発言する者あり）賛成はしますよ、衆議院の例がありますからしょうがないんですが、この議論をやってくればくるほど、どうも衆議院で我が党が賛成したのは間違いじゃなかったのかというような思いがしてならないんですが」と発言している（「発言する者あり」の発言は、「維新は衆議院で賛成したじゃないか」というもの)[3]。同じ議員は本会議で、「政権与党の公明、自民両党に申し上げます。／あなた方は、この法案を推進し、賛成するはずの立場でありますが、どうしてその旨をこの本会議で討論し、意見開陳しないのでしょうか」と怒りをぶつけている。共産党の議員も「2001年から農水委員会に所属していますが、これほど賛成論が出ない改正案は初めてです」としている[4]。

ここには2つの問題がある。第一に、良識の府といわれてきた参議院において、党議拘束をかけて、個々の議員の議論を封じることの愚。第二に、発言の機会がありながら発言しないで賛否の投票だけ行う非民主主義。

政党が党議拘束をかけることはありえることだが、参議院についてはその存在意義を失わせるものではないか。冒頭に述べたように「個の時代」に国会だけが旧態依然としている。

第二の点はとりわけ重要だ。民主主義とは、自分の意見をきちんと表明したうえで投票に参加することだ。もちろん公的な発言の機会のない者には「投票の秘密」を保障すべきだが、国会とりわけ少数の委員会ではそれはありえない。発言しないで、議論しないで、投票だけすれば、「数の力」だけがまかり通る。いま、安倍政権が頼っているのは、その数の力だけである。数の力と言っても、実は小選挙区制のマジックによるもので、与党は有権者の4分の1程度の支持しか得ていない。そういうまやかしの多数支配の下で、官邸は、法改正や条約締結で、日本を後戻りできない国に変えてしまおうとしている。

政府は国会論議には十分に時間をかけたとしている。しかし10何本もの法律を一括して上程し、個々の法改正に関する議論の時間は短い。同じ答弁を何回も繰り返して議員の質問時間を縮める。参議院特別委員会の委員長（自民党）まで「どうしても不備な答弁が目立った気がする。今後、謙虚に（批判に）もう一度耳を傾けてもらいたい」としているほどだ（朝日新聞２０１５年９月18日）(5)。

民主主義の危機と市民社会の政治への登場、これが２０１５年の現状である。そこでは個人参加デモと言う政治参加のスタイルと、選挙での投票行動がとりわけ重要になる。

Ⅱ　２０１６年夏――参院選

１　選挙結果をどうみるか

「与党大勝」？

２０１６年７月の参院選は、改憲勢力が参院全体で３分の２超を占めるに至ったこと、野党共闘が成立し一定の成果をあげたことの二点で、歴史的な選挙だった。参院選翌日（７月11日）の朝刊は「自公改選過半数　改憲４党３分の２の勢い」（朝日）、「与党大勝　改選過半数　改憲派３分の２超す」（読売）と異口同音に報じた。

しかし選挙後の朝日の世論調査（７月14日）では、「与党が過半数を上回る議席を得た」理由は、「安倍首相の政策が評価されたから」が15％に対して、「野党に魅力がなかったから」71％だった。読売の世論調査（７月13日）でも、「自民党が勝利した最大の理由」は、「ほかの政党よりまし」が63％に対して、「首相の政治姿勢が評価された」８％、「経済政策が評価された」６％だった。つまり「与党大勝」は、「野党に魅力がなかった」、「他よりまし」という消極的なものだった。

では国民は選挙に何を期待したのか。朝日の「安倍首相に一番力を入れてほしい政策」への回答は、社会保障32％、景気・雇用29％、教育13％で、憲法改正は6％に過ぎなかった。つまり国民にとって最も重要なのは社会保障・景気・雇用という経済問題だった。その点で、野党はアベノミクス批判はあっても、それに対する対案を出し切れなかった。

歴史的には、今回は、既に衆院では改憲勢力が3分の2超を占めるなかで、参院でもそうなるかが個有に問われた選挙だった(6)。野党はその争点化を追求したが、国民の関心とずれ、改憲意思をひた隠ししてアベノミクスの一本勝負に出た首相の作戦勝ちになった。しかし国民が本当にアベノミクスに期待しているかと言えば、朝日調査の「安倍首相が進める政策への期待」では、「期待の方が大きい」37％、「不安の方が大きい」48％だった。

このように争点がずれ、歯切れが悪く、投票率もかんばしくない選挙でもあった。

農村部が勝敗を決めた

選挙結果をまとめると表5－1のようである。1人区32議席では、野党が11議席を占め、うち東北・甲信越では9議席中8を占めた(7)。野

表5-1　2016年参院選の党派別議席数

	自民党	公明党	おおさか維新	民進党	無所属	共産党	計
1人区	21			7	4		32
2人区	4			4			8
3人区	6	3	1	5			15
4人区	4	3	2	3			12
6人区	2	1		2		1	6
複数区計	16	7	3	14		1	41
合計	37	7	3	21	4	1	73

党は、三重、大分、沖縄でも勝利し、鹿児島県知事選でも原発再稼働に反対の候補が勝ったが、その他の西日本地域では振るわなかった。

自民党の１人区での勝率は65％で、自民党は総改選議席の57％を１人区で得ている。つまり以上の野党善戦にもかかわらず、農村部・１人区が依然として自民党の地盤になっている。

それに対して複数区では、自民16議席に対して民進・共産は15議席とほぼ互角の戦いをしている。複数区での自民党議席の割合は37％にとどまるが、公明党・おおさか維新がそれを補完している。

要するに積極的・消極的両方の意味で、農村部が選挙の勝敗を決めている。

東北・甲信越の１人区での野党の８勝１敗は、農業・農村の怒りと野党共闘の合わせ技と言える。これらの地域は、農家人口の割合が高く、その多くをコメ農家が占める地域である。ＴＰＰで打撃を受ける作目の農家数をみると、コメ販売農家は１０２・６万戸に対して、酪農１・９万戸、肉用牛５・８万戸、養豚０・５万戸である（２０１４年）。票田としてはコメ農家が圧倒的で、販売農家の７割を占める。米単一経営のウエイトをみると、全国50・４％に対して東北58・６％、新潟85・０％になる（２０１５年農林業センサス）。

これらの地域では、ＴＰＰに加えて生産調整や米戸別所得補償の廃止といった与党のコメ政策が激しい反発をかったといえる。

長野・山梨はコメだけでなく野菜や果樹が盛んだが、コメが困難になれば園芸作へのシフトが進み、過当競争に陥る将棋倒し効果への懸念が強かったと言える。

野党共闘の成果

1強多弱状況を打破するには野党共闘の道しかないが、集団的自衛権の行使容認から安保法制へと壊憲方向が明らかになるなかで、市民の声に押されてそれがついに実現した。

野党共闘は、安保法制の廃止と集団的自衛権行使容認の閣議決定撤回、改憲勢力3分の2の阻止、安倍政権打倒、TPP反対、辺野古新基地建設反対等を確認事項としたものだ。自衛隊や日米安保に対する見解の相違は野党間にも国民の間にもあるが、安保法制廃止と集団的自衛権の閣議決定の撤回だけは果たしたい。そういう国民の願いに野党各党が応えたのが野党共闘の成立だった。そこに大きな意義がある。冒頭の朝日世論調査でも、「野党が統一候補を立てたのは、よかったと思いますか」に対して「よかった」が39％、「よくなかった」が31％だった(8)。

国民の期待にどの程度応えられたかは共闘効果率（野党4党の比例区得票数に対する小選挙区での上乗せ票数の割合）からも確認できる。まず100％以上の選挙区が9割弱になり、ほとんどの選挙区で効果を上げたと言える。そのうえで、効果率120％以上では野党共闘の勝率43・8％、110～119％では37・5％、100～109％では25・0％、100％未満は4選挙区だが、勝率はゼロだった。

野党共闘といっても、それは1人区＝農村部に限られる。野党共闘の実質的な核をなすのは農業・農村の怒りだ。それをいかに複数区・都市部にも拡大するかが課題である。

野党共闘なかりせば民進党は7～8議席減った可能性があるが、にもかかわらず同党の保守（改憲）派には共産党との共闘に対する拒否感が強いと報道されている(9)。今後、憲法論議が本格化すれば、政治諸勢力は護憲か改憲かにそれぞれ純化していかざるをえないだろう。今の民進党に分裂するだけの力があるかは不明だが、すっきりした方が国民にはわかりやすい。

公明党の山口代表は、選挙前から「改憲勢力は既に3分の2を超えている」としたうえで、「公明と自民で基本的に憲法改正に対する考え方が違っているところがある」「どう改憲するかは合意できるような状況ではなく、与党だからといって、すぐに憲法改正を進める議論にはいかない」としているそうだ（朝日新聞、7月5日）。その主張を貫くならば公明党は政権から離脱すべきだろう[10]。野党共闘を批判する前に、専ら選挙利害だけで成り立つ与党連立の是非を問うべきである。

絶対得票率からみた選挙制度

自民党の議席獲得率は選挙区50・7％、比例区39・6％である。それに対して自民党の絶対得票率（対有権者比）は選挙区21・8％、比例区18・9％である。与党間協力による票のやり取りがあるので、与党としてまとめれば、議席獲得率は選挙区60・3％、比例区54・2％、それに対して絶対得票率は25・8％と26・1％である。つまり平均して絶対得票率の倍以上の議席率を確保しているわけだ。与党の絶対得票率の選挙区、比例区の接近は両党の連携の緊密さを示唆する。

このような低い絶対得票率での高い議席獲得率は、ⓐ与党間の選挙協力、ⓑ低投票率（54・7％）、ⓒ小選挙区制、の三点に支えられている[11]。

ⓐについては、衆院についてだが、「小選挙区では公明党の支持母体・創価学会の関連票が1選挙区当たり2～3万票あると言われ、次点と3万票以内の差で小選挙区を勝ち取った100人近くの自民党

衆議院議員にとって公明党の支援は欠かせない。……『自民党は強い組織力を持つ公明党なしには国政選挙に臨めない』というのが自公両党の共通認識」とされている（日経新聞、7月14日）。

ⓑについては投票率が平均を下回るのは、東日本では北関東にほぼ集中しているが、滋賀以西の西日本では21選挙区中の52%と5割を超える。これも先の東高西低の一因だろうか。野党候補が勝利した1人区は宮城を除き高い投票率だ。

問題はⓒである。衆議院選挙についてだが、自民党の絶対得票率は、55年体制の始まった1958年頃は44・2%をもっていたが、60年代に30%台に落ち、その後70～80年代に横ばいになった後、90年代には35%程度から15%超にまで急落した。まさにその時期（1994年）に導入されたのが小選挙区制だった。小選挙区制は客観的に見れば、絶対得票率がどん底に下がりゆく自民党を政権の座に居座り続けさせる機能を果たしているといえる。

小選挙区制は、第1党優位を極端化する（民意に著しいバイアスをかける）、投票の半分弱を死に票化する、比例復活等を通じて現役・世襲候補に極めて有利で議員劣化をもたらす、官邸独裁を強める、等を通じて民主主義を破壊する。

もっと民意を素直に反映する比例代表制や、せめて複数の利害を反映させられる中選挙区制に変えるべきである[12]。

２　これからの課題

始まっている農業・農村の自民離れ

しかし当面、小選挙区制度を前提すれば、やはり自民党は１人区農村部で勝利を決定的にしている。東北・甲信越での１人区の野党共闘の善戦にもかかわらず、１人区農村部が自民党を勝たせている全体構図に変わりはない。要するに農業・農村が今の日本の政治を左右している。

しかしそこにも変化の兆しが見られる。野党共闘の成果がそれを示唆するが、加えて表５－２のような数字がある。日本農業新聞のモニターに対する出口調査であるが、２０１４年衆院選に対して農業者等の自民離れが10ポイントもある。それに対して民進党はいちおう9ポイント増（この間に維新の一部との合併があった）、共産党は４・５ポイント増だった。

支持政党と比較すると、「支持政党なし」層の票が自民以外の各党に流れたことが分かる。朝日新聞の出口調査では、無党派層は民進・自民各19％、共産13％、おおさか維新11％で、「票は分散」的だった（７月11日付け）。支持政党なし層の投

表5-2　2016年参院選投票出口調査

単位：％

	自民党	民進党	公明党	共産党	その他
①選挙区	49.8	31.8	1.8	6.3	9.7
②比例区	44.4	28.3	4.0	13.0	10.3
③2014年12月衆院選（比例区）	54.7	19.3	3.6	8.5	13.7
④支持政党	44.8	17.5	1.3	7.6	28.6
②－③	▲10.3	9.0	0.4	4.5	
②－④	▲0.4	10.8	2.7	5.4	

注１：日本農業新聞2016年7月11日の表より作成（223人回答）。
注２：④の「その他」には「支持政党はない」23.3%を含む。
注３：民進党の③は民主党の数字のみで、「維新の党」は「その他」に入れている。従って、②－③は実際より多くなる。

票行動は農業者と国民一般とでは大きく違ったことが分かる[13]。少ないサンプルから大仰なことは言えないが、農業者の自民離れが東日本に限定されないことを示唆する。

今後、改憲論議が本格化すれば、政界再編もあり得るし、選挙における投票率も高まり、先の自民党支配の条件をさらに揺るがしていくことになるだろう。

改憲隠しから改憲論議へ

首相は２０１６の年頭会見で改憲を「参院選でしっかり訴えていく」とし、３月にも「在任中に成し遂げたい」としていたが（朝日、６月21日）、選挙が近づくと憲法については口をつぐみ始め、選挙が終わった途端に、再び「在任中の改憲」を口にするようになった（同８月４日）[14]。これは明らかに「後出しじゃんけん」である。

その論理は「国民には国民投票で民意を尋ねるので、改憲項目の選定や調整は国会の役割」ということのようだ（朝日７月18日の対談における杉田敦の発言）。言い換えれば、国民には国民投票で聴くから選挙の争点にする必要はないということだ。

しかしこのような論理は全くおかしい。憲法に基づいて政治や統治を行う立憲主義、なかでも硬性憲法（改正しにくい憲法）に基づく立憲主義は、憲法改正に慎重な態度をとっている。日本国憲法では、衆参の総議員の３分の２以上の賛成で発議し、そのうえで国民投票で過半数の賛成を必要としている（96条）。要するに国民の声を聴く手続きは二段構えであり、まずは国会で３分の２を得ることが必要である。だから憲法を改正する気があるなら、選挙で正面から訴えることが不可欠で、国民の声は選挙でなく国民投票で聴けばいいというのは全くの立憲主義の否定である。

既に衆議院で改憲勢力が3分の2を得ているもとでは、今回の参院選は改憲要件の第一段をクリアするか否かの決定的な選挙だった。そして参院でも遂に3分の2を確保した。これは日本の歴史を塗り替える一瞬になるはずだが、国民に信を問うた訳ではないから、その高揚感もなければ、直ちに改憲と言う機運にもなっていない。

しかし隙を見せたら一挙に改憲に走る。これからは憲法が大きな争点になる。だから、「改憲を発議することができる立場にある議員を選び出し、最終的に国民投票で一票を投ずる立場にある私たち一人ひとりが、私たち自身の運命を大きく左右する選択をするについての『考え』を磨いておくことが必要です」(15)。

「『考え』を磨いておく」ためには、二つの留意点が必要である。第一に、「(日米) 地位協定や日米安保条約は極めて高度な政治問題であり、日本国憲法とそのもとで形成された法秩序にとっては、多くの場合、法を超える異物である。これまで憲法学説はこれらを正面から取り込んで日本の法秩序を語ってくることができなかった」とされている点である(16)。緻密なはずの憲法論には大きな空白があり、国民は自分の頭で判断する必要がある。

農業問題と憲法

第二に、憲法上の判断を要する農業問題が増えてきた。そもそも農地改革は「前近代的な日本農村の地主制を改革して自由な諸個人をつくり出し、日本国憲法存立の前提を整えるもの」という位置づけがなされている[17]。だとすれば「戦後レジームからの脱却」を追求する安倍政権が、国家戦略特区において自作農に代る企業の農地所有を容認するに至ったことは、憲法の前提に係わる問題だといえる[18]。過去に在日米軍や自衛隊の違憲性が問われた砂川（一審１９５９年）・恵庭（同１９６７年）・長沼（同１９７３年）・百里（同１９７７年）の基地裁判のうち、恵庭以下は営農困難、保安林指定解除、農地売買に係るものだった[19]。

本書との関連では、第1章の農協「改革」は、全農の営業の自由権や准組合員の財産権という憲法上の権利に係わる。第3章のＴＰＰのＩＳＤＳ条項は、海外の仲裁機関が日本の司法権に優位することになっており、これは司法権が最高裁以下の裁判所に属すると定めた憲法76条に反する[20]。

いきなり憲法を持ち出すと飛躍と受け取られかねないが、農業問題を考えるうえでも「『考え』を磨いておく」必要がある。

注

（1）安保法制阻止のための青年層の組織ＳＥＡＬＤｓの立上げと解散がその好例である。
（2）拙編著『ＴＰＰ　問題の新局面』大月書店、２０１２年、序章。
（3）第１８９回国会　参議院農林水産委員会議事録17号（２０１５年8月25日）。
（4）同参議院本会議議事録（8月28日）。
（5）２０１６年12月22日には衆院議長も「国会審議の実情に疑問を感じざるを得ない」と苦言を呈した（朝日新聞、12月23日）。
（6）歴史的に振り返っても「改憲問題に関しては、参議院議員選挙が決定的な役割を演じてきた」（樋口陽一『いま、「憲法改正」をどう考えるか』岩波書店、２０１３年、63頁)。いわんや、今回は、というわけである。
(7)東北5県の農協政治連盟(農政連)は「自主投票」、福島のみが自民推薦だったが、その福島で現職大臣が沖縄とともに落選し、沖縄からは国会議員が消えた。長野県も自民の推薦を見送った。
(8)読売調査の関連質問は、「野党4党は、今後、4党による政権をめざすのがよいと思いますか」で、「思う」35%、「思わない」55%になっている。野党の選挙協力を政権構想の是非にすり替える設問設定はタイミング的にもミスリーディングである。
(9)前原誠司元民主党代表は「(憲法の)9条2項は削除して自衛権を明記するというのが私の持論」としている(朝日新聞２０１６年7月13日)。反共闘勢力の影には連合がいる。
(10)公明党については中野潤「『公明嫌い』の首相が強める公明依存」(中野晃一編『徹底検証　安倍政治』岩波書店、２０１６年)。
(11)さらに中小選挙区の混合、定数不均衡等の「参院選挙制度は極めて自民党に有利なのである」(菅原琢「安倍政権は支持されているか」前掲・中野編著、39頁)という点が加わる。
(12)そもそも小選挙区制と議院内閣制は制度整合しうるのかの検討が求められる。
(13)２０１６年4月24日の衆院北海道5区補選でも、無党派層の68%が野党系、32%が与党系に投票している(朝日新聞、4月25日)。この選挙は市民団体が仕掛けた野党共闘の始まりだった。
(14)首相は２０１７年の年頭および1月末の施政方針演説でも同様の発言をしている。そして２０１７年秋以降には衆院選が予想されている。
(15)樋口陽一『いま、「憲法改正」をどう考えるか』前掲、１６７頁。
(16)青井未帆「国防軍の創設を考える」奥平康弘他編『改憲の何が問題か』岩波書店、２０１３年、27頁。
(17)樋口陽一『憲法三版』創文社、２００７年、２５６頁。

(18)養父市において農業参入した三社が1・5haの農地を2017年1月までに購入予定である（日本農業新聞2016年10月14日）。

(19)蟻川恒正「裁判所と九条」水島朝穂編『立憲的ダイナミズム』岩波書店、2014年。

(20)磯田宏「国民生活への罠—ISDSの狙い—」拙編著『TPPと国民生活・農林業』前掲。

おわりに

21世紀に入り、隔年で時論集を、5年間隔で事例集を出してきた（前者については奥付）。本書はその8冊目の時論集にあたる。

出した時には既に次の局面が始まっているのが時論の宿命である。本書についても2016年末に農業競争力強化プログラムが固まり、年明けには8本の法律案として具体化し、再校時の今、国会審議が始まった。いずれも「総合的なTPP関連政策大綱」に発し、「農業競争力強化プログラム」（2016年11月）に基づくもので、TPP絡みで始まったものである。

そのトップに座るのが、①農業競争力強化支援法で、生産資材供給、農産物流通の事業再編を図るものだが、農業者に対して「主体的かつ合理的に行動するよう努める」努力規定を入れたことから、農業経営への過剰な介入、上から目線という強い反発を招いた。この至極当然の怒りに対して農水省は、関連事業者の努力、国や地方公共団体の責務を規定した以上は、その「恩恵」を受ける農業者の経営改善努力を書き込むのは当然、内閣法制局からも指示されていると答弁している。

ここには、農家とは農協の言うことに盲従する非主体的・非合理的な存在だから国が善導してやらねばならないという古い農政思想と、国家が市場経済に過剰介入する「新ターゲッティングポリシィ」という安倍政権の統制経済志向が強く現れている。

さらに農協や全農も農業所得の増大に最大限に貢献すべきとする努力規定が置かれた。これは農協「改革」のさらなる押し付けに通じる。具体的には農業者とともに「有利な条件を提示する相手方を選択」「消費者への直接販売を促進」すべきとされた。このような事業内容への介入は、改正農協法にも書かれていない事項で、規制改革推進会議の指図に基づいており、共同購入・共同販売という協同組合事業を否定するものである。

その他の主な法改正として、②都道府県に主要作物の種子の生産・普及を義務付けた種子法を廃止し、種子開発における民間活力の活用に名を借りて多国籍アグリビジネス等の進出に道を開こうとしている。

③土地改良法改正では農地中間管理機構が借り入れた農地について地権者の費用負担や同意を求めずに基盤整備できるようにするが、共有者がいる場合に合わせて一人の事業参加資格者とみなし、代表者一人を選任する等の措置を講じるとしている。これは、そもそも共有者の確定が難しい相続未登記農地等における権利侵害の恐れがある。

④農村地域工業導入促進法を改正し、サービス業等に導入企業を拡大するとしているが、比較的大きな面積をとる流通サービス業等の導入は過大な農地転用の懸念がある。

⑤畜産経営安定法の改正による生乳取引の変更については第1章Ⅰで触れたが、需給調整や対メーカー交渉力を弱める可能性がある。

⑥農業災害補償法の改正による収入保険制度の導入については、第3章Ⅲで触れたが、加入要件として青色申告をしている農業者は3割程度しかおらず、また収入が傾向的に下落していく状況下で収入

保障にならない。農業共済が任意加入になると、災害への抵抗力を弱めかねない。

以上には、本書で指摘した安倍農政の特質が共通して貫かれている。すなわち第一に、ＴＰＰの受け皿作りであり、第二に、規制改革（推進）会議を通じる財界・新自由主義者の意向の農政へのストレートな持ち込みであり（①②⑤）、第三に、企業の農業参入促進であり（①②④）、第四に、協同組合の否定に通じる（①⑤）。③④は農水省主導だが、そこにも危惧が残る。

他方で、ＴＰＰ発効を条件とした牛豚の経営安定対策（マルキン、第3章Ⅲ）法改正が実現の見通しを失ったことから、野党四党がＴＰＰ発効を待たずに対策を講ずる法案を提出した。これにより農業者支援の制度構築をめぐる政策的競り合いが強まる可能性がある。政権はＴＰＰに代る日米ＦＴＡに日に日に傾斜しており、２０１０年に始まったＴＰＰをめぐる攻防は第二ラウンドに入ることになる。本書はとりあえず第一ラウンドで閉じることになった。

本書は主として２０１５、16年の初出稿を全面再編したものである。タイトルは省略し、初出の掲載誌のみを記すと次の通りである。刊行直後の原稿利用についてはご配慮に感謝したい。

第1章　『農業と経済』２０１６年7・8月合併号、『経済』２０１７年2月号
第2章Ⅰ　『農協　准組合員制度の大義』農文協ブックレット14（２０１５年9月）
　　　Ⅱ　『農業・農協問題研究』61号（２０１６年11月）
第3章Ⅰ　『農業・農協問題研究』59号（２０１６年5月）

　Ⅱ　『文化連情報』２０１６年10月号
　Ⅲ　『農業と経済』２０１６年６月臨時増刊号
第４章Ⅰ　『住民と自治』２０１５年９月号、『アベノミクスと日本の論点』農文協ブックレット８（２０１３年５月）、『規制改革会議の「農業改革」20氏の意見』農文協ブックレット11（２０１４年８月）、『農村と都市をむすぶ』２０１６年７月号
第４章Ⅱ　『月刊ＮＯＳＡＩ』２０１６年８月号
第５章Ⅰ　『文化連情報』２０１５年11月号
第５章Ⅱ　『文化連情報』２０１６年９月号

本書に取り組むにあたっては、北海道から九州まで各地の方々にいろいろお教えいただいた。筑波書房の鶴見治彦社長にはいつもながら迅速に制作していただいた。松﨑めぐみさんには校正等を手伝っていただいた。以上を記して深く感謝したい。

２０１７年２月

田代　洋一

著者略歴

田代　洋一（たしろ　よういち）

1943年千葉県生まれ、1966年東京教育大学文学部卒、農水省入省。横浜国立大学経済学部、大妻女子大学社会情報学部を経て現在は両大学名誉教授。博士（経済学）、専門は農業政策。

時論集
『日本に農業は生き残れるか』大月書店、2001年11月
『農政「改革」の構図』筑波書房、2003年８月
『「戦後農政の総決算」の構図』筑波書房、2005年７月
『この国のかたちと農業』筑波書房、2007年10月
『混迷する農政　協同する地域』筑波書房、2009年10月
『反TPPの農業再建論』筑波書房、2011年５月
『戦後レジームからの脱却農政』筑波書房、2014年10月

農協改革・ポスト TPP・地域

2017年3月15日　第１版第１刷発行

著　者　田代洋一
発行者　鶴見治彦
発行所　筑波書房
東京都新宿区神楽坂２－19 銀鈴会館
〒162－0825
電話03（3267）8599
郵便振替00150－3－39715
http://www.tsukuba-shobo.co.jp

定価はカバーに表示してあります

印刷／製本　中央精版印刷株式会社

ISBN978-4-8119-0500-6 C0033